U0318114

创新工程科技教育作品集

主　　编　黄文恺　浣　石
副 主 编　陈　虹　伍冯洁
参编人员　朱　静　韩晓英　吴　羽
　　　　　唐文枝　姚佳岷
主　　审　邱国俊

哈尔滨工程大学出版社

内 容 简 介

本书是集成了3D打印、电路设计、Arduino和安卓的开发实例,是实施创新工程科技教育理念,采用全新教学手段的成果。本书选材新颖、内容丰富,有脑电波控制的拳击比赛和手势控制机器人等采用新技术的案例。全书的各个章节相互独立,八个作品非常详尽地阐述了制作过程,把机械设计、电路设计、程序设计有机地融合在一起。中学生可以在科技教师的指导下,针对本书内容,开拓思路,进行科技创新,学习开发科技作品。

本书适合大专和本科院校的机械、电子设计、电子信息工程、通信工程、自动化、计算机、工业设计和交互设计等专业的学生阅读。

图书在版编目(CIP)数据

创新工程科技教育作品集/黄文恺,浣石主编. —哈尔滨:
哈尔滨工程大学出版社,2015.3
ISBN 978 - 7 - 5661 - 1007 - 7

Ⅰ.①创… Ⅱ.①黄… ②浣… Ⅲ.①机器人 - 设计
Ⅳ.①TP242

中国版本图书馆 CIP 数据核字(2015)第 060670 号

出版发行	哈尔滨工程大学出版社	
社　　址	哈尔滨市南岗区东大直街 124 号	
邮政编码	150001	
发行电话	0451 - 82519328	
传　　真	0451 - 82519699	
经　　销	新华书店	
印　　刷	哈尔滨市石桥印务有限公司	
开　　本	787 mm × 1 092 mm　1/16	
印　　张	27	
字　　数	704 千字	
版　　次	2015 年 5 月第 1 版	
印　　次	2015 年 5 月第 1 次印刷	
定　　价	59.00 元	

http://www.hrbeupress.com
E-mail:heupress@ hrbeu.edu.cn

序

在2006年召开的全国科学技术大会上,时任国家主席的胡锦涛同志就提出了建立创新型国家的目标。近期,中共中央总书记习近平、国务院总理李克强多次强调要营造"大众创业、万众创新"的社会氛围,通过创新驱动实现产业结构的调整,推动我国经济的持续发展。党中央、国务院做出的建设创新型国家的目标,是事关社会主义现代化建设全局的重大战略决策。而建立创新型的国家离不开大量的创新型人才,尤其是在工程实践中锻炼出来的创新工程技术人才。科学技术的快速发展,工程技术的不断更新,创新型国家的建设,对我国高等工程教育改革发展提出了迫切要求。

纵观我国的高等教育,建国初期,全盘照搬苏联的实用型教育模式。改革开放后,又全面仿效以美国为代表的通识型教育模式。虽然这两种模式都曾为我国培养了大批优秀的工程技术人才,但其不足和缺陷在我国迈向创新型国家的进程中日益显露出来。我国的高等教育如果不从中国实际出发,仅限于跟踪和模仿外国模式,是无法实现工程技术人才培养的超越与突破的。在我国工程教育中,存在以下突出的问题:

1. 培养目标不清楚,学术化倾向严重;

2. 注重理论教学,工程性特质缺失,实践教学环节薄弱;

3. 教师缺乏工程经历;

4. 学科之间的壁垒森严,缺乏彼此之间的融合,创新受限。

要创新工程教育模式,探索新的工程教育途径与方法,首先要借鉴世界工业发达国家的高等工程教育的先进办学经验,创建适合我国国情的工程教育模式,通过教育与行业、高校与企业间的密切合作,以工程技术为主线,以实际工程为背景,以社会需求为导向,着力提升学生的工程素质和工程实践能力,从而培养大批各种类型的工程技术人才。

广东省是改革开放的前沿阵地,也是我国现代制造业相对发达的地区。广州大学在创新工程教育中发扬了敢为天下先的精神。在学校的支持下,通过与国内各高校的交流和学习,于2008年开展了创新工程科技教育改革的尝试。由我校富有多年工程项目实践经验、不同专业背景的老师(本书的所有作者)组成的黄文恺团队开展了相关的创新工程教学活动。他们指导了具有多个学科背景的学生组成的跨学科创新团队,在广州市教育局青少年科技教育计划的资助下,前往特殊儿童学校进行了调研,开拓创新思维,完成了一系列创新作品。

受篇幅限制,《创新工程科技教育作品集》只挑选了其中的八件优秀作品。这些作品均涵盖了机械、电气、软件编程等多个方面,结合 3D 打印和 Arduino 等多个时尚的科技元素,希望能启发读者的创新灵感,激发读者的创新热情。

邓成明

2015 年 3 月 20 日

前　　言

实施素质教育的今天,创新教育要体现在教育观念上,渗透在所有教育活动之中,培养学生的创新能力将成为所有教育活动的一种基本指向。如何在教育中融入科技创新,是很多专家学者研究的课题。

以往单一的学科背景,很容易受学科限制,即使在原有基础上绞尽脑汁的小修小改,也难以达到科技创新的目标。随着科技发展,多学科的融合,由此带来的新问题和机遇,让创新变得更加有可能。

广州大学在提升大学生科技创新意识、培养大学生科技创新能力方面进行了大胆的创新实践教学改革的尝试。在创新教学中,贯彻创新工程的教学理念,融入了 STEM 教学方式,培养新时代的创新型人才。STEM 素养由科学(Science)、技术(Technology)、工程(Engineering)和数学(Mathematics)学科的素养组成,是把学生学习到的各学科知识与机械过程转变成一个探究世界相互联系的不同侧面的过程。STEM 强调学生的设计能力、批判性思维和问题解决能力。

创新工程科技教育强调学科之间的交叉与综合、推陈出新,提出有力的创新课题,强化解决技术问题的综合能力,建立以创意工程产品为载体的创新实训室,配备相关实验和创新实践设备,建立服务于工程教育传统骨干课程的新型实验教学体系,在学生中开展创意工程技术创新实践活动,并逐步将工程教育的实践环节由"科学主导工程"的人才培养方式转变为"工程教育回归工程"的培养方式,以达到对传统教学体系进行改革的目的。

创新工程科技教育以创新工程项目(或产品)实训为主线,培养具有多元化知识结构的技术应用、科研创新和自主创业方面的复合型人才;以科技产品规划、设计和制造为导向制订教学计划;以涵盖电子、机械、软件等综合性创意型工程产品设计作为教学实训对象,以创意电子设计(含嵌入式)、创意自动化机电设计、机器人、智能车、物联网、云计算及其综合作为载体,运用项目式教学法,培养能综合运用知识、具备创新能力与工程实践经验的新时代人才。

本书贯彻了创新工程科技教育理念,书中的所有作品均为大学生团队在老师的指导下完成的。这些作品的主题是"科技关爱特殊儿童",由大学生项目团队前往特殊儿童(听障、视障儿童等)学校进行调研,在此基础上,制定了相关的研发内容,研制出一系列的关爱特殊儿童的科技作品,由于篇幅限制,本书只节选了具有代表性的八件作品。这些作品均使用 3D 打印机打印制作完成,组装和使用说明文档详细,非常适合作为助残系列产品向社会推广。当然,这些作品也适合正常儿童体验,如电子积木和脑电波控制的游戏等。为便于广大读者使用,尺寸图中未一一标出单位,尺寸图中的单位均为毫米。

本书由黄文恺、浣石负责统稿和编写。其中第一章由黄文恺编写,第二章由陈虹编写,

第三章由伍冯洁编写,第四章由朱静编写,第五章由韩晓英编写,第六章由吴羽编写,第七章由唐文枝编写,第八章由姚佳岷编写。

本书的所有作品都由广州大学科研与竞赛创新实践班的同学协助完成程序的测试和书稿的整理。第一章作品由陈文鑫、叶家杰、陈思强、黄海锋、黄思帆、马健祥和陈鹏飞同学负责测试和整理;第二章作品由朱瑞怀、钟均明、丘健波、张剑华、李伟填、陈富东和姚燕香同学负责测试和整理;第三章作品由邝鉴东、符俊岭、张贺威、彭盛、石锐、王世颖和梁咏蓝同学负责测试和整理;第四章作品由刘新伟、卓建政、李伯泉、王子豪、黄裕湛 、刘绍明和陈乐善同学负责测试和整理;第五章作品由郑植俊、林位麟、潘强、李永强、钱伟岸、刘志成和王磊同学负责测试和整理;第六章作品由吴宣平、钟海泰、蔡子翼、李奕松、庄嘉炜、刘嘉杰和周健明同学负责测试和整理;第七章作品由梁俊杰、梁焯均、吴俊鹏、张金辉、甘达云、张雯雯和曾炽凡同学负责测试和整理;第八章作品由罗俊杰、陈志雄、罗雯钰、肖昌伟、黄继东、叶宇亮和张颂毅同学负责测试和整理。感谢上述同学牺牲了暑假时间完成了大量的整理和测试工作。

本书由广州市教育局青少年科技教育计划资助,特别邀请了广州市教育局的邱国俊同志作为本书的主审,非常感谢他在百忙之中对全书进行审阅,并提出了宝贵的修改意见。同时还要感谢本书的责任编辑张晓彤女士,她认真负责,一丝不苟的严谨态度,指出并修正了本书中很多错误,在此表示衷心感谢!最后要感谢本书的读者,谢谢您花时间阅读本书。

由于编者水平有限,时间仓促,书中难免存在缺点和错误,恳请专家和广大读者不吝赐教,批判指正。书中所有3D打印文件和程序代码向读者开放,欢迎登录出版社网站下载。

黄文恺

2015 年 3 月 5 日

目　　录

第 1 章

盲人穿衣小助手

1.1 设计理念

随着社会观念的转变,人们给予了盲人越来越多的关注,不断为提高盲人的生活质量而努力。同时,科技的进步也推动着盲人生活质量的不断提升,导盲拐杖、盲人表、盲人读书器等科技产品的发明,为盲人的生活带来了极大的便利。

随着这些基本需求的解决,盲人就会往更高的生活体验进发,开始追求更高的生活质量,对穿衣打扮也会有更高的需求。然而现在市面上极少有帮助盲人穿衣打扮的这类辅助工具。

了解到盲人有这样的需求,本设计团队开发了一种能够识别衣物颜色的产品,帮助他们解决这类问题,而且该产品不仅可以解决盲人穿衣搭配的问题,使他们衣着得体,还通过其他功能,如距离感应、报时等来为他们的起居生活带来各种便利。

1.2 项目创新点

1.2.1 理念创新

目前,颜色识别技术日趋成熟,广泛应用于工业生产、物流管理领域。本项目中,团队成员巧妙地将颜色识别与语言转换相结合,创新地将颜色识别应用于盲人衣服搭配指导中,为盲人穿衣搭配提供便利,填补了该产品领域的空白。

1.2.2 组合创新

本项目充分考虑到盲人群体的特殊需求,除了具备颜色识别这个主要功能外,还加入了颜色搭配、语音报时、超声波测距等辅助功能,将这些功能组合在一起,通过语音控制这样人性化的设计,实现了产品的多功能一体化,达到 1 + 1 > 2 的效果。

1.3　功能与预期效果

1.3.1　作品功能介绍

1. 颜色识别

作品能识别市面上大部分衣服的颜色,并基本上可以满足盲人的需求。

2. 智能搭配

通过预先设定好的命令告诉盲人什么样的衣服颜色搭配效果会更好,为他们的日常衣服搭配提供参考。

3. 距离感应

通过语音来告知盲人前方多远有障碍物,减少因障碍物所带来的问题,为盲人的出行带来方便。

4. 报时

内置的模块能从年月日三个维度准确地让盲人很方便地知道当前时间。

1.3.2　预期达到的性能

颜色识别与搭配模块:识别用时不超过 0.4 s,判断 17 种以上颜色,识别率达到 90%,能根据当前使用者衣物的颜色,给出衣服搭配的 46 种方案。

时钟模块:准确无误地播报当前的时间,能准确播报年、月、日、时、分、秒。

超声波模块:探测反应不超过 0.1 s,可提供 3~400 cm 的非接触式距离感测,测距精度为 3 mm。

语音交互模块:发出语音,为用户提供信息。接收和识别语音,完成盲人的命令,在标准读音下响应率为 95%,误判率为 2%,灵敏距离在 8 cm 以内。

1.3.3　环境使用要求

1. 本产品不具备防水功能,故使用时尽量避开水源,防止水等液体浸入产品内部。

2. 使用环境的温度不宜过高或者过低,正常工作温度范围为 −10~55 ℃,最低极限工作温度为 −25 ℃,最高极限工作温度为 70 ℃。请勿将设备放置在阳光直射的地方,以免对产品造成不良影响。

3. 请勿将设备靠近热源或裸露的火源,如电暖器、微波炉、烤箱、热水器、炉火、蜡烛或其他可能产生高温的地方。

4. 请勿将大头针等尖锐金属物品放置在设备听筒或扬声器附近,以免金属物品附着,对使用者造成伤害。

1.4　解决的技术难题

1.4.1　外观设计部分

项目组考虑到盲人需要的是一款能随身携带并能够简单操作的产品,所以其大小控制在盲人能单手抓握。颜色扫描功能在启动时,因为要确保识别的准确度,不可避免地要白平衡。而白平衡所需的条件也比较苛刻,不仅要有自然光照射,而且还要有白纸打底,经过不断地设计,这个问题终于得到解决,利用联动滑盖和镂空设计,不仅满足了白平衡的前提,也最大程度上保证了作品的美观性。同时,因为采用联动滑盖的方式,省却了手推滑盖的过程,很大程度上帮助了盲人。

1.4.2　调试颜色传感器方面

在普通情况下使用 RGB 颜色传感器的时候,测出的值只有三种颜色的值,当换算到具体每种颜色时,很难准确地测出具体的颜色,所以本项目改用其他的判断方式。在判断颜色方面,HSL 把颜色描述为圆柱体内的点。这个圆柱的中心轴取值为:底部为黑色,顶部为白色,而在它们中间的是灰色,绕这个轴的角度对应于"色相",到这个轴的距离对应于"饱和度",而沿着这个轴的距离对应于"亮度""色调"或"明度"。它以人类更熟悉的方式封装了关于颜色的信息:"这是什么颜色?深浅如何?明暗如何?"所以使用 HSL 颜色空间相对于使用 RGB 颜色空间来说具有更直观、更准确、更方便等优点。

1.4.3　电路方面

难点在于,要在尽量小的空间内实现模块的最优空间配置,实现集成化。所以在做PCB 电路图的时候需要不断去优化,不断研究如何才能够既方便安装,又尽量减小体积,摆放的位置也经过了两次的大修改。另外,由于需要配合模块的摆放位置,连线的时候遇到许多交叉的地方,给连线带来了困难。经过电路优化,采用 0 Ω 电阻来跳线,在不破坏美观的前提下,完成了与外观匹配的电路板。

1.5 物料清单

所需的物料清单明细如表 1−1 所示。

表 1−1　材料清单

序号	名称	型号规格	材料性质	单位	数量	备注
1	语音合成模块	Syn6658	pcb	块	1	向盲人传递信号
2	语音识别模块	Ld3320	pcb	块	1	功能切换
3	时间模块	DS1302	pcb	块	2	盲人表
4	喇叭	—	—	个	2	语音模块
5	Arduino 芯片	Mega328P	芯片	块	1	核心
6	电容	0.1 μF	陶瓷电容	个	5	稳压电路、复位电路
7	电容	22 pF	陶瓷电容	个	2	—
8	电容	100 μF	电解电容	个	2	稳压电路
9	晶振	16 W	—	个	1	—
10	电阻	1 kΩ	色环电阻	个	1	—
11	电阻	5.1 kΩ	色环电阻	个	1	—
12	排母	—	—	排	1	接线、固定模块
13	四角开关	—	—	个	1	复位电路
14	稳压 IC	LM7805	—	块	1	提供 5 V 电压
15	超声波模块	HC − SR04	—	块	1	测距
16	颜色传感器	TCS3200D	模块	块	1	颜色识别
17	电池盒	—	—	个	1	放电池
18	电池	磷酸铁锂	—	个	2	供电
19	3D 打印材料	—	PLA	kg	1	外壳
20	螺钉	M3 × 16	金属	个	4	连接壳体
21	螺钉	M3 × 5	金属	个	4	固定元器件
22	舵机	MG90S	—	个	1	控制滑盖

1.6　机械零件设计图

机械零件设计图如表 1 - 2 至表 1 - 9 所示。

表 1 - 2　上壳零件图

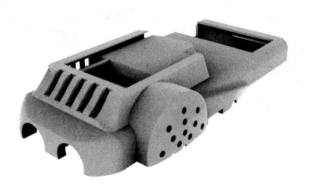

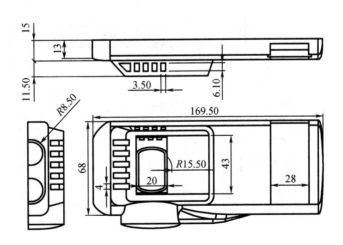

作用:作为外壳,保护内部电路

表 1-3 下壳零件图

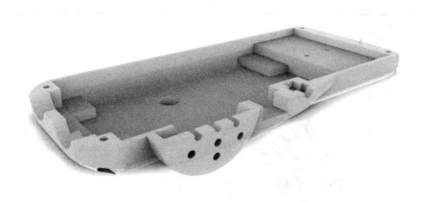

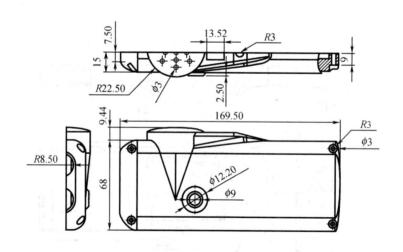

作用:作为外壳,保护内部电路

表 1 − 4　电池盖零件图

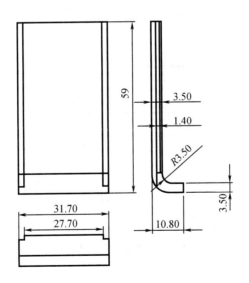

作用:方便拆卸电池

表 1－5　按钮零件图

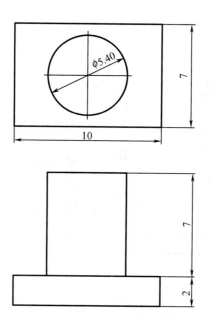

作用:控制传感器的启动和关闭

表 1−6　联动滑盖零件图

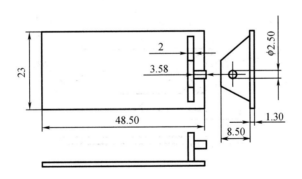

作用:保护传感器

表 1－7　传动杆 1 零件图

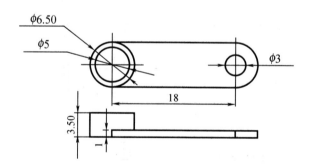

作用:连接传动杆 2 和舵机

表 1 − 8　传动杆 2 零件图

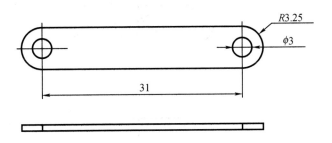

作用:连接传动杆 1 和滑盖

表1－9 连杆固定柱零件图

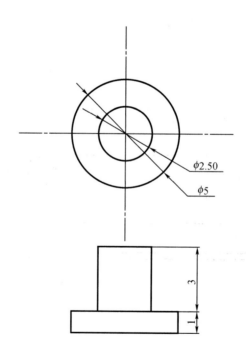

$\phi2.50$

$\phi5$

作用:连接传动杆1和传动杆2

1.7　产品组装说明

1.7.1　零件清单

组装所需要的零件清单如表 1 – 10 所示。

表 1 – 10　零件清单

| 上壳(1 个) | 下壳(1 个) |
| 电池盖(1 个) | 按键(1 个) |

表 1 – 10(续 1)

滑盖(1 个)

传动杆 1(1 个)

连杆固定柱(1 个)

传动杆 2(1 个)

超声波传感器(1 个)

船形开关(1 个)

表 1 - 10(续 2)

喇叭(1 个)	颜色传感器(1 个)

电池盒(1 个)	麦克风(1 个)

时钟模块(1 个)	语音模块(1 个)

表 1-10(续3)

M3×16 螺丝(4 个)	M3×5 螺丝(4 个)

MG90S 舵机(1 个)	按键(1 个)

1.7.2　组装流程

Step 1. 先用螺丝把电路板固定在外壳上,如图 1-1 所示。

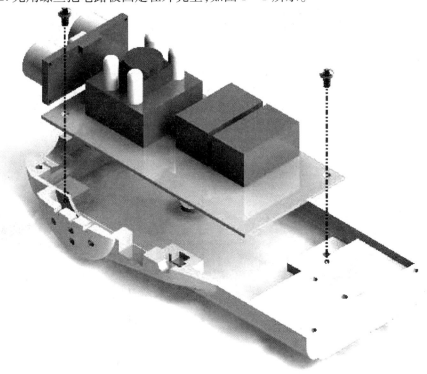

图 1-1　安装电路板示意图

Step 2. 用螺丝把电池盒固定在外壳上,如图 1 - 2 所示。

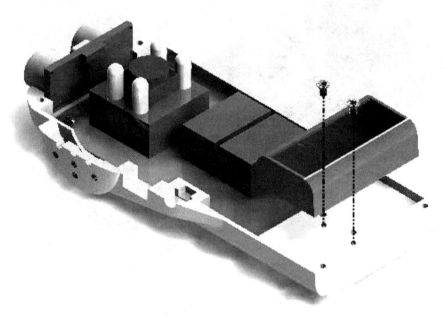

图 1 - 2　安装电池盒示意图

Step 3. 装上按键和按钮,如图 1 - 3 所示。

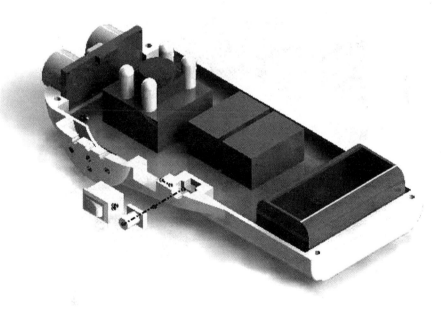

图 1 - 3　安装按键和按钮示意图

Step 4. 将传感器安装在外壳上，如图 1 – 4 所示。

图 1 – 4　安装传感器示意图

Step 5. 上下壳间的安装，如图 1 – 5 所示。

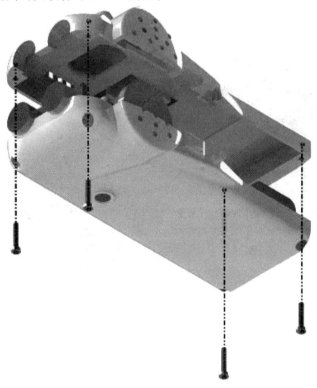

图 1 – 5　安装上下壳示意图

组装完成图及零件爆炸图如图 1 – 6 和图 1 – 7 所示。

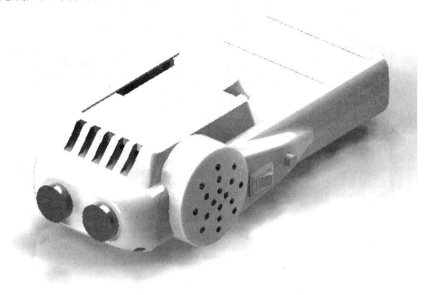

图 1 – 6　组装完成图

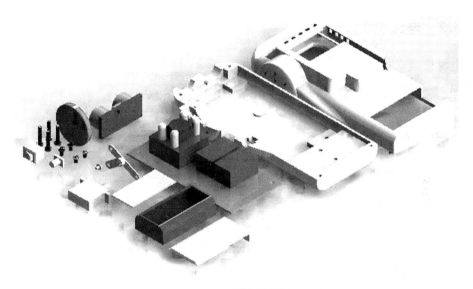

图 1 – 7　零件爆炸图

1.8　电路设计与接线

1.8.1　电路硬件系统框图

盲人穿衣小助手系统框图如图 1 – 8 所示。

Ld3320 语音识别模块识别盲人给出的语音命令并把信息传递给 Arduino 芯片。

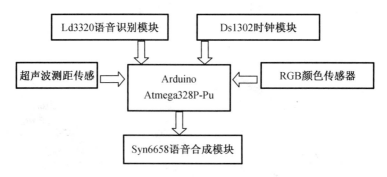

图1-8　盲人穿衣小助手系统框图

超声波传感器返回正前方的距离值,并将返回的距离值信息传递给 Arduino 芯片。

颜色传感器返回颜色信息,并将返回值信息传递给 Arduino 芯片。

Ds1302 时钟模块通过其计时功能将时间信息传递给 Arduino 芯片。

最后,Arduino 芯片进行信息整合,通过 Syn6658 语音合成模块把盲人需要的信息告知盲人,达到盲人穿衣助手的功能。

1.8.2　电路模块设计

1. 电源稳压电路

如图 1-9 所示,盲人穿衣小助手使用一块 LM7805 集成稳压器来为需要 5 V 供电的传感器进行供电。

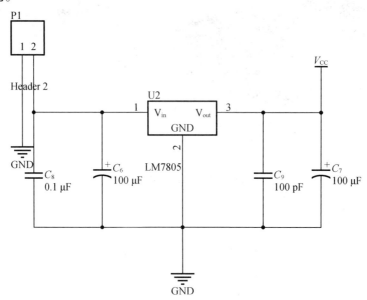

图1-9　电源稳压电路图

考虑到各个模块所需电量足够,因此一个 LM7805 集成稳压电路可为多个模块供电。LM7805 集成稳压器引脚定义如表 1-11 所示。

表 1-11　LM7805 集成稳压器引脚定义

引脚	定义	说明
1	Vin	电源输入端
2	GND	接地
3	Vout	电源输出端

2. 电量检测

通过电路获取电源的电压,设定当低于或高于某个值时,告诉使用者电源电压过低或过高,电量检测电路如图 1-10 所示。

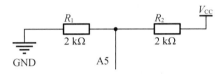

图 1-10　电量检测电路图

3. 单片机最小系统电路图

如图 1-11 所示,这是整块的核心电路,各个模块向 Arduino 主控板传递信息,Arduino 控制各个模块的工作。这个最小系统可以烧写程序。

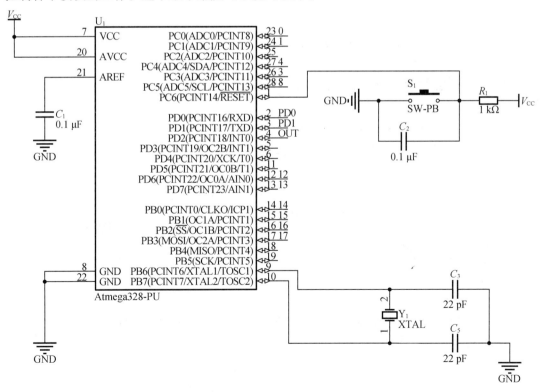

图 1-11　单片机最小系统电路图

4.超声波模块

如图 1 – 12 所示,盲人穿衣小助手采用 HC – SR04 超声波测距模块,用来帮助盲人获得前方障碍物的距离。

图 1 – 12　超声波模块实物图

HC – SR04 超声波测距模块引脚如图 1 – 13。

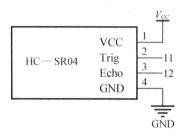

图 1 – 13　超声波模块引脚说明图

HC – SR04 超声波测距模块引脚定义如表 1 – 12。

表 1 – 12　HC – SR04 超声波测距模块引脚定义

引脚	定义	说明
1	VCC	正极
2	Trig	信号发射引脚
3	Echo	信号接收引脚
4	GND	接地

5.语音模块

如图 1 – 14 所示,语音模块分为语音合成模块和语音识别模块,方便盲人通过语音控制方式,操作盲人穿衣小助手。

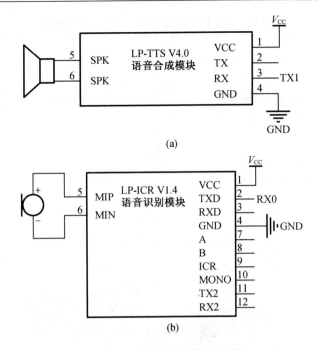

图 1－14　语音模块引脚说明图

（a）语音合成模块；（b）语音识别模块

语音识别模块 LP－ICR V1.4 引脚定义如表 1－13。

表 1－13　语音识别模块 LP－ICR V1.4 引脚定义

引脚	定义	说明
1	VCC	正极
2	TXD	串口发送
3	RXD	串口接收
4	GND	负极
5	MIP	MIC＋输出
6	MIN	MIC－输出
7	A	悬空
8	B	悬空
9	ICR	状态提示
10	MONO	悬空
11	TX2	第二串口发送
12	RX2	第二串口接收

语音合成模块 LP－TTS V4.0 引脚定义如表 1－14。

表 1 - 14　语音合成模块 LP - TTS V4.0 引脚定义

引脚	定义	说明
1	VCC	正极
2	TX	串口发送
3	RX	串口接收
4	GND	接地
5	SPK	连接喇叭
6	SPK	连接喇叭

6. 颜色识别模块

如图 1 - 15 所示,颜色识别模块 TCS3200 用来获取衣服的颜色。

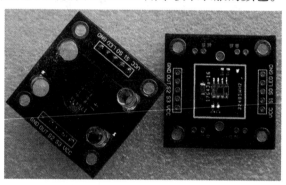

图 1 - 15　颜色识别模块实物图

颜色识别模块 TCS3200 引脚如图 1 - 16。

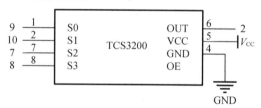

图 1 - 16　TCS3200 模块引脚说明图

颜色识别模块 TCS3200 引脚定义如表 1 - 15。

表 1 - 15　颜色识别模块 TCS3200 引脚定义

引脚	定义	说明
1	S0	输出频率选择输入引脚
2	S1	输出频率选择输入引脚
3	OE	低电压使能端
4	GND	地

表1-15(续)

引脚	定义	说明
5	VCC	5 V 电源
6	OUT	输出端
7	S2	输出频率选择输入引脚
8	S3	输出频率选择输入引脚

TCS3200 颜色传感器是可编程彩色光到频率的转换器,它把可配置的硅光电二极管与电流频率转换器集成在一个单一的 CMOS 电路上,同时在单一芯片上集成了红绿蓝(RGB)三种滤光器。

由三原色感应原理可知,如果知道构成各种颜色的三原色的值,就能够知道所测试物体的颜色。对于 TCS3200 来说,当选定一个颜色滤波器时,它只允许某种特定的原色通过,阻止其他原色通过。通过读取三原色的值,就可以分析投射到 TCS3200 传感器上的光的颜色。

TCS3200 的光传感器对红、绿、蓝三种基本色读取的输出值并不相等,TCS3200 的 RGB 输出并不相等,因此在测试前必须进行白平衡调整,使得 TCS3200 对所检测的"白色"中的三原色是相等的。进行白平衡调整是为后续的颜色识别做准备。

7. 时钟模块

如图 1-17 所示,本项目采用了 DS1302 涓流充电时钟模块,内含有一个实时时钟/日历和 31 字节静态 RAM ,通过简单的串行接口与单片机进行通信。实时时钟/日历电路提供秒、分、时、日、周、月、年的信息。

DS1302 主要性能指标:

①实时时钟具有能计算秒、分、时、日、星期、月、年的能力,还有闰年调整的能力;

②串行 I/O 口方式使得管脚数量最少,8 脚 DIP 封装或可选的 8 脚 SOIC 封装根据表面装配;

③宽范围工作电压 2.0 ~ 5.5 V,工作电流在 2.0 V 时,小于 300 mA;

④读/写时钟或 RAM 数据时有两种传送方式,即单字节传送和多字节传送,与 TTL 兼容;

⑤V_{cc} = 5 V,双电源输入,可以支持主电源和备份电源供应。

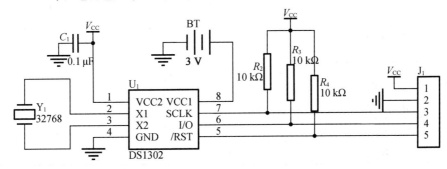

图 1-17　DS1302 时钟模块

时钟模块 DS1302 引脚定义如表 1-16。

表 1-16　时钟模块 DS1302 引脚定义

引脚	定义	说明
1	VCC	外接 3.3~5 V 电源正极
2	X1	32.768 kHz 晶振管脚
3	X2	32.768 kHz 晶振管脚
4	GND	接地
5	RST	复位接口
6	I/O	数据接口
7	SCLK	时钟接口
8	VCC	外接 3.3~5 V 电源正极

1.8.3　接线总表

各模块与 Arduino 的接线总表如表 1-17 所示。

表 1-17　各模块与 Arduino 的接线总表

序号	模块引脚名称	Arduino 对应引脚	备注
1	超声波 TRIG	11	—
2	超声波 ECHO	12	—
3	颜色传感器 S0	9	—
4	颜色传感器 S1	10	—
5	颜色传感器 S2	7	—
6	颜色传感器 S3	8	—
7	颜色传感器 OUT	2	—
8	时钟模块 RST	A5	—
9	时钟模块 I/O	A4	—
10	时钟模块 SCL	A4	—
11	语音识别模块 SPK	—	接麦克风
12	语音识别模块 RX	Rx0	—
13	语音模块 MIN	—	接喇叭
14	语音模块 MIP	—	接喇叭
15	语音模块 RXC	Tx1	—

1.9　软　件　设　计

1.9.1　程序设计思想

第一步:通过对用户的需求做出精确地分析,本产品主要要求做到颜色辨别、距离感应、语音报时和交互式设计。由此先确立两个大的方向,一个是实现相应功能,另一个是要语音交互。

第二步:为了实现相应功能,分析和设计出了以下模块:颜色辨别模块、颜色搭配模块、距离感应模块、时间播报模块。各模块功能如表 1 - 18 所示。

为了语音交互的实现,分析和设计出了以下模块:颜色语音模块、颜色搭配语音模块、距离感应语音模块、语音菜单模块(可参见表 1 - 19)。

第三步:对每一个模块分别进行具体的设计,包括思路和算法的设计。比如:颜色辨别模块先要得到 RGB 的值,再将 RGB 值转换为 HSL 值,最后进行颜色判断。由此又展开了相应的小模块。

第四步:根据设计的方案,规范地用 C 和 C + +语言将设计过程写成程序。

表 1 - 18　实现相应功能的模块

颜色辨别模块:	颜色搭配模块:	距离感应模块:	时间播报模块:
①转换模块:	①类建立模块:	JudgeDistance. h	TimeSpeaker. h
TurnRGBIntoHSL. h	Clothes. h		
②判断模块:	②逻辑搭配模块:		
JudgeColor. h	Cooperate. h		

表 1 - 19　语音交互模块

颜色语音模块:	颜色搭配语音模块:	距离感应语音模块:	语音菜单模块:
ColorSpeaker. h	ClotheSpeaker. cpp	DistanceSpeaker. h	Blind. h

1.9.2　程序流程图

程序流程如图 1 - 18 至图 1 - 21 所示。

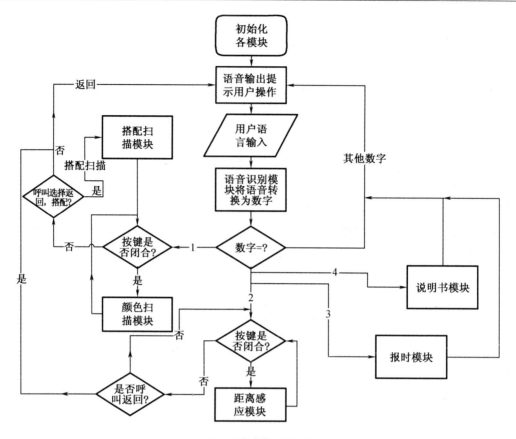

图 1-18　语音菜单模块:Blind. h

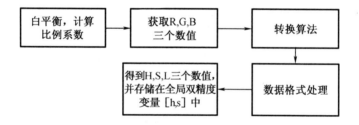

图 1-19　颜色辨别模块:转换模块 TurnRGBIntoHSL. h

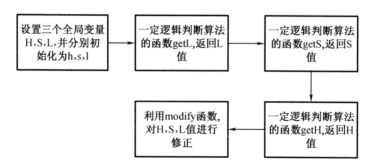

图 1-20　颜色辨别模块:判断模块 JudgeColor. h

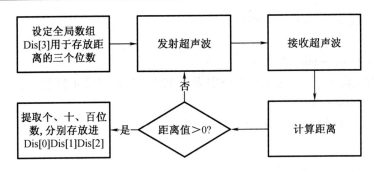

图 1－21 距离感应模块:JudgeDistance. h

1.9.3 算法设计

1. 颜色扫描算法

为了获取反映颜色的 R,G,B 值,需要再经过数据的转化和归纳两个过程,完成从数据值到颜色类型的转变,以下是处理的全过程。

①将 R,G,B 颜色表达值转化为 H,S,L 颜色表达值,此过程如下。

设 (r, g, b)分别是一个颜色的红、绿和蓝坐标,它们的值是 0 到 1 之间的实数。设 max 等于 r, g 和 b 中的最大者,设 min 等于这些值中的最小者。要找到在 H,S,L 空间中的 (h, s, l)值,这里的 h∈[0, 360)是角度的色相角,而 s, l∈[0,1]是饱和度和亮度,具体过程为:

经过白平衡得到了 R,G,B 各个值;

设计函数比较 R,G,B 三个值,返回最大值 max;

设计函数比较 R,G,B 三个值,返回最小值 min;

然后开始判断,转化;

```
if( max = = min)
    h = 0;
else if( (max = = r) && g > =b)
    h = 60 * (g－b)/(max－min) + 0;
else if( (max = = r)&& g < b )
    h = 60 * (g－b)/(max－min) + 360;
else if( max = = g )
    h = 60 * (b－r)/(max－min) + 120;
else
    h = 60 * (r－g)/(max－min) + 240;


l = (max + min) * 0.5;


if( (max = = min) || l = = 0)
    s = 0;
else if( l > 0 && l < 0.5)
```

$$s = (max - min)/(2 * l);$$

　　else if$(l > 0.5)$

$$s = (max - min)/(2 - 2 * l);$$

得到的 s 和 l 均为小于 1 的小数,分别乘以 100。至此完成了转化,最终得到了 h(0 ~ 360),s(0 ~ 100),l(0 ~ 100) 三个值。

②利用 h,s,l 值,初步划分颜色区域。具体如下:

先判断 l:

if(l < =10&& s < =20 &&(s >l))

　　　l = 0;　　　　　　　　　　　　//规定 l = 0 时为黑色;

　　else if(l > =40 && l - s >30)

　　　l = 1;　　　　　　　　　　　　//规定 l = 1 时为白色;

　　else

　　　l = 2;

最终令 L = l;

如果 l = 2,则继续判断 s;

如果 l 为 0 或者 1,则 s = 0;

如果 l 为 2,则继续判断;

　　if(s >40) s = 1;　　　　　　　　//表示该颜色不是灰色

　　else if(s > =0 && s < =5) s = 3;　　//规定 s = 3 时为灰色

　　else 　s = 1;

最终令 S = s;

如果 l = 1,则继续判断 h;

③针对实际情况,进行修正,细化部分颜色。

if(H = =2 && (s >5 && s <40))　　　　//H = =2 时即是规定的橙色,进行细化,

　　　　　　　　　　　　　　　　　　　//区分棕色和橙色

　　H = 13;　S = 1;　　　　　　　　//令 H 为 13,规定为棕色

if(H = =13 && s <20 && l <20)　　　　//区分棕色和灰色

　　{

　　　S = 3;

　　}

if(H = =1|| H = =12)

　　{

　　　if(s >15 && s < =45)

　　　{

　　　S = 2;　　　　　　　　　　　　//规定 S 为 2 时,颜色偏暗

　　　}

　　}

　　if(H = =3)

```
    {
        if( s > 15 && s < =40 )
        {
            S = 4;                          //规定 S 为 4 时,颜色偏浅
        }
    }
```

最终得到了 H(1~13),S(0~4),L(0~2)。

④颜色结果根据 H,S,L 三个值综合来判定。

先判断 L:等于 0 或 1 就判定为黑色或白色无需再判断 S 和 H。

再判断 S:S 等于 3 时就为灰色,无需再判断。

最后判断 H 的值:判断 H 值的步骤见步骤②。

利用 H 值划分颜色如表 1-20 所示。

表 1-20　H 值划分颜色表

h 的范围	H 的赋值	代表颜色
(0~8]	1	橙红色
(8~33]	2	橙色
(33~77]	3	黄色
(77~85]	4	黄绿色
(85~120]	5	草绿色
(120~175]	6	绿色
(175~197]	7	青色
(197~222]	8	天蓝色
(222~248]	9	蓝色
(248~275]	10	蓝紫色
(275~333]	11	紫色
(333~360]	12	红色

2.衣服搭配算法

根据颜色扫描的结果,确定颜色搭配方案。

(1)先运行颜色扫描模块

(2)依据以下原则进行搭配

①同种色搭配:指深浅、明暗不同的两种同一类颜色相配。比如:青配天蓝,同类色配合的服装显得柔和文雅。

②相似色服饰搭配:指两个比较接近的颜色相配。比如:红色与橙红或紫红相配,黄色与草绿色相配等。

③主色调服饰搭配。

（3）具体搭配（见表1-21）

表1-21　衣服颜色搭配原则

上衣颜色	裤子颜色
红	橙、红、紫、黑、灰、绿、白
橙红	白、黑、蓝
黄	紫、蓝、草绿、白、棕、黑
绿	白、黑、紫、灰、棕
蓝	白、天蓝、橙、黄
天蓝	白、红、灰、青、蓝
紫	蓝、黄、白、红、灰、黑
黑	蓝、灰、白
白	橙、黑、蓝、黄
灰	蓝、天蓝、灰、黑

3. 距离感应算法

测试距离 =（超声波从发射到接收所用的时间）×340 m/s×0.5

4. 电量检测

电量百分比 =（当前电压－最低电压）/（最高电压－最低电压）×100%

第 2 章

智能电子积木

2.1 设计理念

视障问题仍然是社会上不可忽视的重大问题。据统计,全球每年新增盲人数量为100～200万,这意味着每五秒钟就有一个人失明,每一分钟就有一个儿童失明。这个数量庞大的弱势群体需要得到社会更多的关注,所以应该多一点考虑该群体的需求。

经调查,虽然目前国内玩具市场品种繁多,但针对盲童的玩具依旧十分稀缺。绝大部分玩具都是设计给正常儿童使用的,而对于盲童,除贵重的乐器之外,只能玩一些简单的玩具,如沙子、布娃娃等,像智能小车之类的玩具他们几乎都不能够玩。

盲童玩具如此少的原因主要有两方面:一是社会对于盲童的重视不够,忽略了盲童的需求;另外,由于盲童本身的生理和心理特点也造成了玩具开发设计的难度。玩具是儿童身心发展的重要教科书,盲童也不例外。综上,可以得到一个结论:盲童需要一款适合他们的玩具,盲童玩具的开发是非常必要的。

项目组决定设计一种电子积木,这种电子积木不仅具有传统效果多样化的特点,而且还具有电子智能性质。盲人通过听觉和触觉来感知周边的事物,所以盲童玩具的开发要紧扣这两个基本点。在产品外观上设置了纹路,使盲童在拼积木的过程中能有效地辨别出功能模块;而在功能上较多运用了语音提示功能,盲童在玩的过程中会逐渐把握玩具的空间运动,并从语音提示中感知周围的环境,有利于提高他们的空间认识。同时,在愉快的玩乐中,他们更容易获得心理上的稳定。

本项目设计的电子积木玩具针对性强,能给盲童带来快乐与锻炼,对盲童身心的健康发展和盲童玩具市场的开发具有重要意义。

2.2 项目创新点

2.2.1 功能组合创新

本项目由若干个功能模块组成,包括红外循线传感器模块、三超声波联合测障模块、遥控器模块、电动机模块、七音琴模块等基本功能模块。并采用 I^2C(Inter – Integrated Circuit)连接技术将其中若干个模块连接在一起,拼积成循线小车、寻手小车、遥控报障小车、小机器人、七音琴等,多种组合方式使得玩法更加多样化。

同时,与传统积木玩具相比较,这种电子积木不仅能让孩子感受到将模块组合成一个积木作品时的快乐与成就感,又具有电子产品的特点,使拼成的玩具拥有智能效果,更易引起孩子的好奇心并引发他们的思考。

2.2.2 理念创新

传统智能玩具几乎都是为正常儿童设计的,而这种电子积木玩具是面向盲童设计的,紧扣盲人主要通过触觉和听觉感知周围事物的特点,该作品在外观上设有一定的纹路,使盲童在拼积过程中能有效地辨别出功能模块;而在功能上较多运用语音提示功能,在玩的过程中也能把握玩具的运行状态和感知玩具周围的环境,体验玩具带来的快乐。

2.3 功能与预期的效果

2.3.1 作品功能介绍

本作品可拼接出循线小车、遥控报障小车、寻手小车、七音琴、小机器人五种玩具。各个拼积出的玩具功能如下。

(1)循线小车:可沿着黑线跑道跑动,遇障时会暂停运动并语音报障。

(2)遥控报障小车:在遥控器的操控下运动,遇障时能语音报障。

(3)寻手小车:车前端大约 50 cm 范围内能感应到人的手,并根据手的位置调整运动前进方向。

(4)小机器人:在遥控器的操控下改变运动状态,以及实现机器手臂的运动。

(5)七音琴:可以播放七个音符,奏出简单的曲子。

2.3.2 预期达到的性能指标

(1)可以拼接出五种类型的玩具,实现不同的玩法。

(2)遥控报障小车的报障距离为小于 50 cm。

(3)寻手小车能检测到手的距离范围为 3 ~ 50 cm。

(4)遥控器的控制范围为 0 ~ 10 m。

2.3.3 环境使用要求

(1)循线小车:需要在中间有黑色线条、其余部分为白色的平坦跑道上运动,其中黑线宽度大约为 2 cm,且不要在露天或光线太强的环境中使用。

(2)遥控报障小车、寻手小车、循线小车及小机器人的使用场地面积要求大于 1 m²。

2.4　解决的技术难题

本作品采用 I^2C 总线协议的方法解决了一块 Arduino UNO 开发板 I/O 口数量不足的问题。

这种电子积木所拼积成的玩具需要若干个功能模块,所以需要较多的单片机 I/O 口。若按照平常的做法用一块 Arduino 2560 开发板来设计,显然出现 I/O 口数量不足的问题;而用多个独立而没有通信联系的 Arduino 2560 开发板来设计,就会出现功能不协调或启动玩具时要连续打开多个开关的不便。

为了解决这些问题,本作品采用了 I^2C 总线协议的方法,用一个主机跟多个从机进行通信,从而把各个从机联系在一起。从机之间的通信需要通过主机来协调。例如,两个从机之间的通信,1 号从机先发送数据给主机,主机接收数据后将其发给 2 号从机,2 号从机做出反应后,又会给主机一个响应。根据 I^2C 协议,这个产品最多可接入 127 个从机模块。

采用 I^2C 总线协议的方法,不仅可以把所需 I/O 口数量扩充,而且各功能模块在运作中具有一定联系。当从机模块接到主机上时,主机就可以通过扫描得到已接上的从机的地址,并执行与之相关的程序,使得功能模块能够协调运作,过程更具灵活性。

2.5　物　料　清　单

所需的物料清单明细如表 2 - 1 所示。

表 2 - 1　物料清单明细

序号	名称	型号规格	材料性质	单位	数量	备注
1	电池	锂聚合物 1 300 mAh	—	块	2	供电
2	充电器	6.6 ~ 9.9 V 平衡充电器 M3E	—	个	1	用于电池充电
3	扬声器	4 Ω 5 W 中低音 3 in	—	个	1	播放语音
4	单片机	Mega328	芯片	块	10	主从机控制核心
5	IC 插座	28p	—	个	10	固定芯片
6	电动机驱动	L298N	贴片芯片	块	1	驱动马达
7	卡槽	SD 卡槽自弹式	—	块	1	安装 SD 卡
8	红外循线模块	—	—	块	3	用于循线小车
9	小车电动机	1:120 减速	—	个	4	轮子动力来源
10	电阻	1 kΩ	色环	个	25	电路需要
11	电阻	2 kΩ	色环	个	2	I^2C 总线上拉电阻
12	电阻	20 kΩ	色环	个	2	电动机驱动保护电路

表 2-1（续）

序号	名称	型号规格	材料性质	单位	数量	备注
13	电阻	0 kΩ	—	个	17	用于跳线
14	电容	22 pF	陶瓷	个	20	晶振所需电容
15	电容	0.1 μF	陶瓷	个	48	滤波电容、电路需要
16	电容	47 MF	电解	个	30	滤波电容
17	晶振	16 MHz	—	个	10	电路需要
18	蜂鸣器	5 V 有源	—	个	2	电源接通提醒
19	三极管	S9014	—	个	2	放大电流
20	三端稳压管	LM7805	—	个	12	稳压至 5 V
21	三端稳压管	LM1117T	—	个	3	稳压至 3.3 V
22	按键	复位四脚	—	个	22	复位按键，功能按键
23	开关	自锁开关	—	个	1	功能切换
24	开关	船形开关	—	个	1	电源开关
25	排针	—	—	排	1	程序烧写口
26	灯	LED 蓝色	—	个	6	指示灯
27	白色插座	2.54 mm 间距 4p	—	个	3	连线固定
28	白色插座	2.54 mm 间距 5p	—	个	2	连线固定
29	白色插座	2.54 mm 间距 6p	—	个	2	连线固定
30	白色插座	2.54 mm 间距 7p	—	个	4	连线固定
31	接线柱	两位 5.08 mm 间距	—	个	37	固定接线
32	摇杆	PS2 摇杆	—	个	2	遥控控制端
33	无线模块	nRF24L01	—	个	2	遥控发射接收端
34	超声波传感器	HC - SR04	—	个	4	寻手、测障
35	卡槽	SD 卡座自弹式	—	个	1	固定 SD 卡
36	SD 卡	金士顿 1G	—	个	1	储存语音文件
37	继电器	HK4100F6 脚	—	个	2	欠压保护开关
38	香蕉头（公头、母头）	4 mm	—	对	40	积木接口

2.6　机械零件设计图

机械零件设计图如表 2 – 2 至表 2 – 51 所示。

表 2 – 2　电池外壳 1 模拟图和设计图

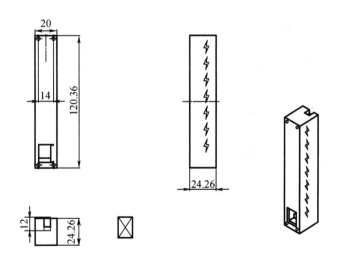

作用：装电池

表 2-3　电池外壳 2 模拟图和设计图

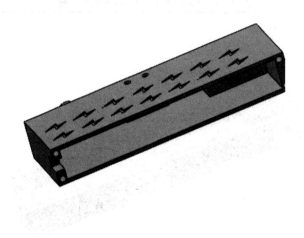

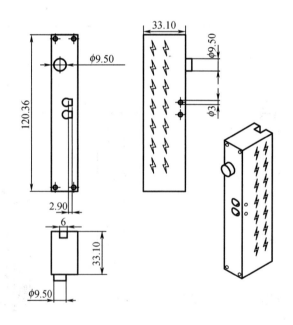

作用:装电池

表 2 − 4 电动机外壳模拟图和设计图

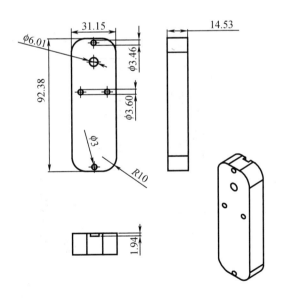

作用:装电池

表 2 – 5　左下电动机外壳模拟图和设计图

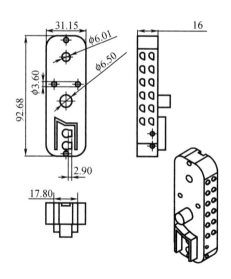

作用:装电动机

表 2 – 6　左上电动机外壳模拟图和设计图

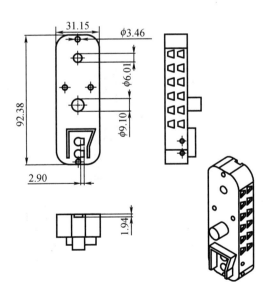

作用:装电动机

表2-7 右下电动机外壳模拟图和设计图

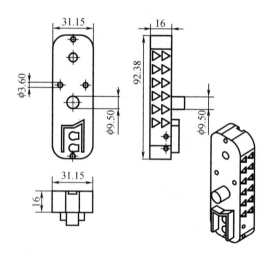

作用:装电动机

表 2 - 8　右上电动机外壳模拟图和设计图

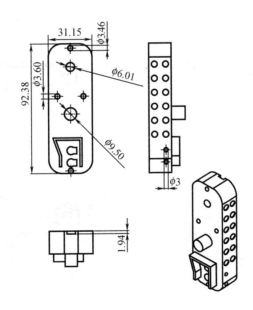

作用:装电动机

表 2-9　主板外壳 1 模拟图和设计图

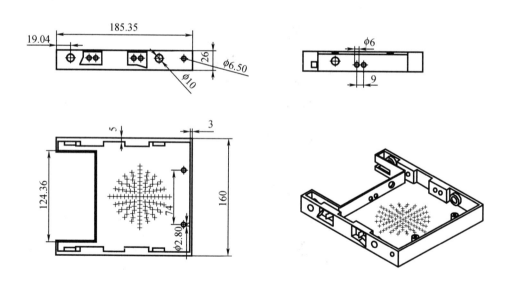

作用:装主板

表 2 – 10　主板外壳 2 模拟图和设计图

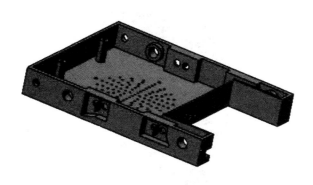

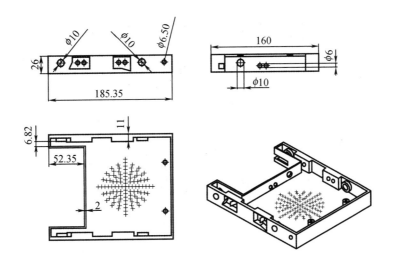

作用:装主板

表 2 - 11　右舵机外壳 1 模拟图和设计图

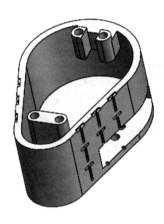

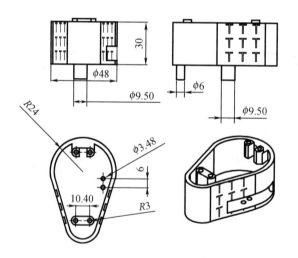

作用:装舵机

表 2 - 12　右舵机外壳 2 模拟图和设计图

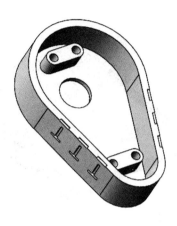

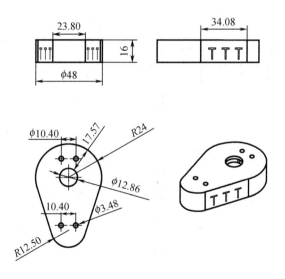

作用:装舵机

表 2 –13　右舵机外壳 3 模拟图和设计图

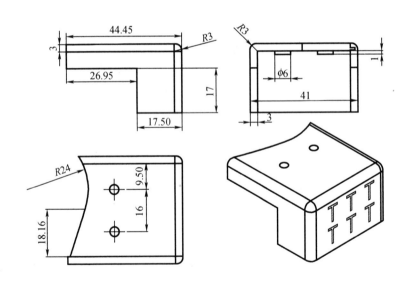

作用:连接底板

表 2 − 14　右舵机外壳 4 模拟图和设计图

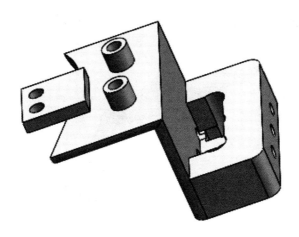

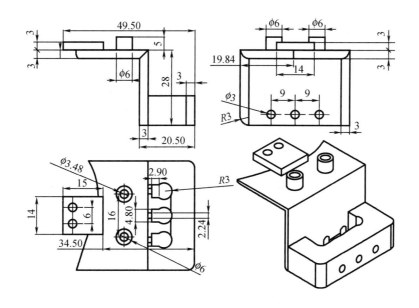

作用:连接底板

表 2 - 15　左手模拟图和设计图

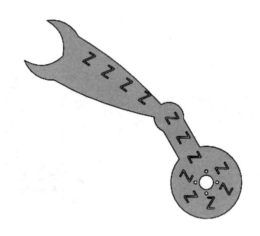

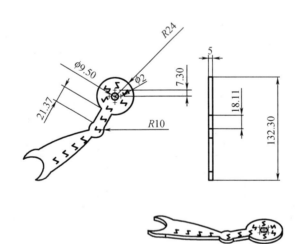

作用:当左手

表 2 – 16　左舵机外壳 1 模拟图和设计图

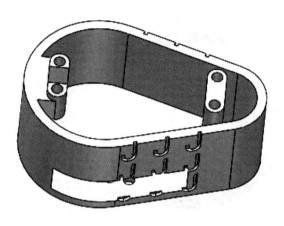

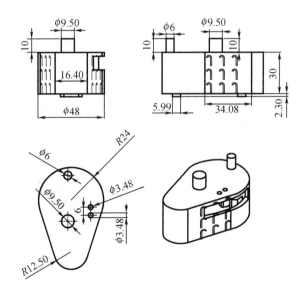

作用:装舵机

表 2 - 17 左舵机外壳 2 模拟图和设计图

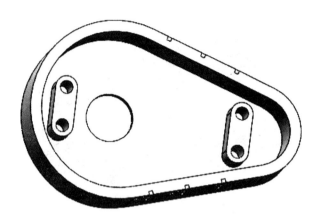

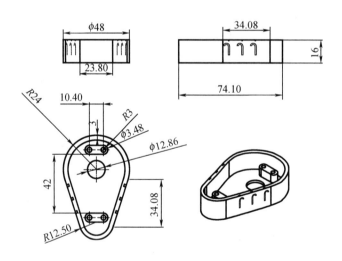

作用:装舵机

表 2 - 18　左舵机外壳 3 模拟图和设计图

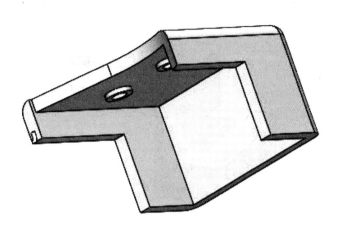

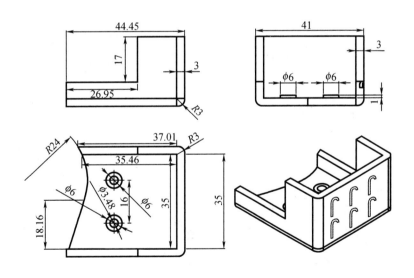

作用:连接底板

表 2－19　左舵机外壳 4 模拟图和设计图

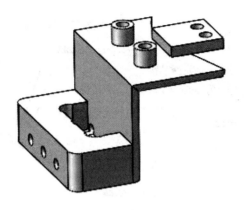

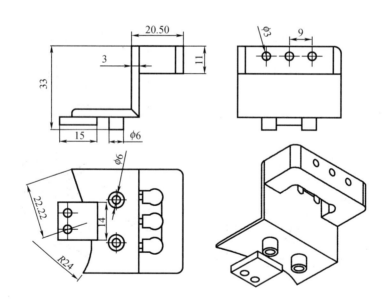

作用:连接底板

表 2 - 20　遥控电动机外壳 1 模拟图和设计图

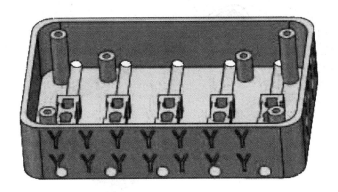

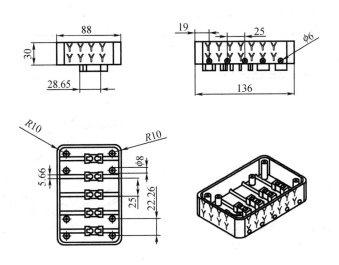

作用:装遥控电动机

表 2 – 21   手臂板外壳盖模拟图和设计图

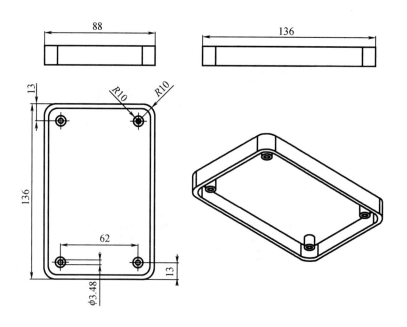

作用:装遥控电动机

表 2 - 22 手臂板外壳 1 模拟图和设计图

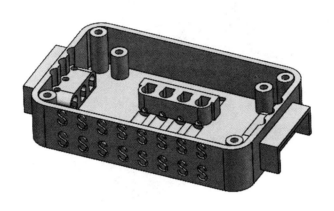

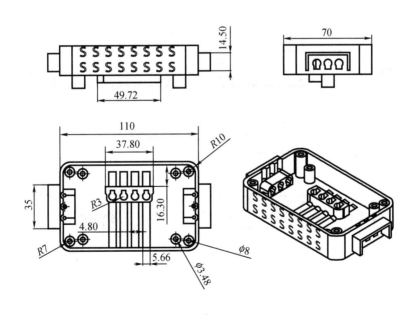

作用:装手臂板

表 2-23　手臂板外壳 2 模拟图和设计图

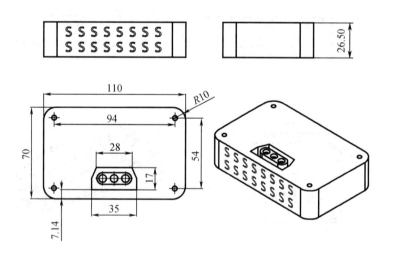

作用:装手臂板

表 2 – 24 机械足右外壳 1 模拟图和设计图

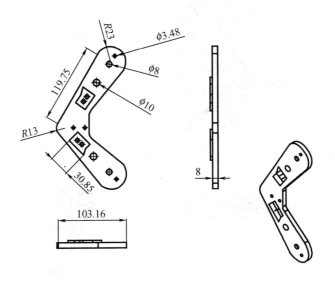

作用:作为机器人的右足

表 2-25　机械足右外壳 2 模拟图和设计图

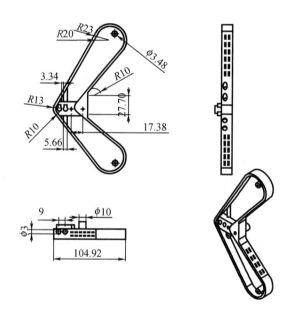

作用:作为机器人右足

表 2 – 26　机械足左外壳 1 模拟图和设计图

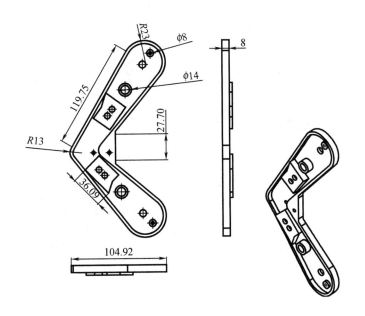

作用:作为机器人左足

表 2 - 27 机械足左外壳 2 模拟图和设计图

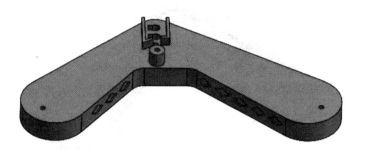

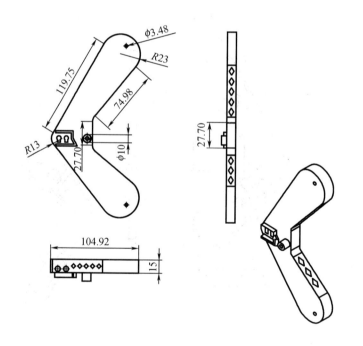

作用:作为机器人左足

表 2 − 28　遥控器外壳 1 模拟图和设计图

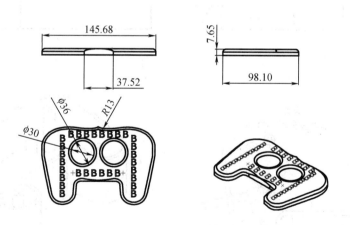

作用:装游戏手柄板

表 2 – 29 遥控器外壳 2 模拟图和设计图

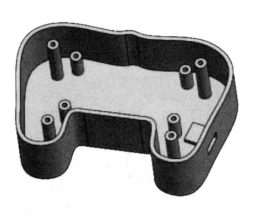

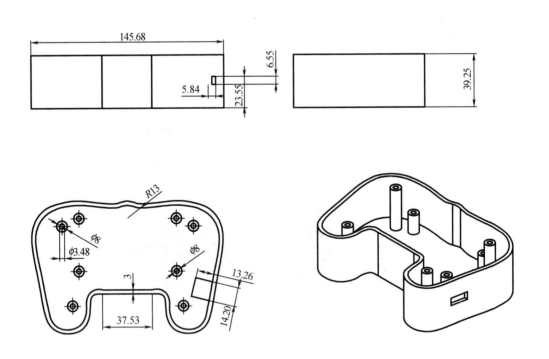

作用:装游戏手柄板

表 2－30　遥控器外壳 3 模拟图和设计图

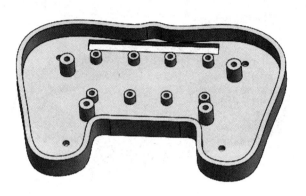

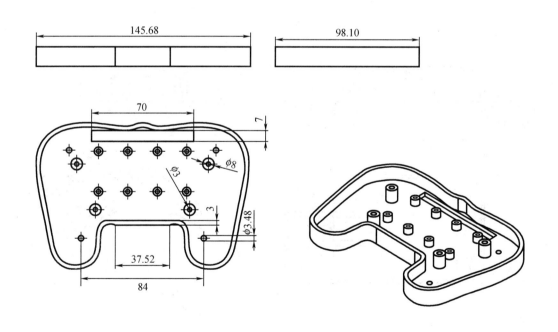

作用:装游戏手柄板

表 2 – 31 琴键外壳 1 模拟图和设计图

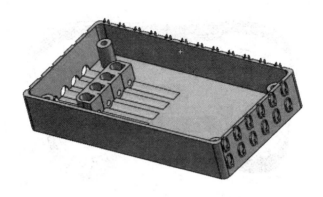

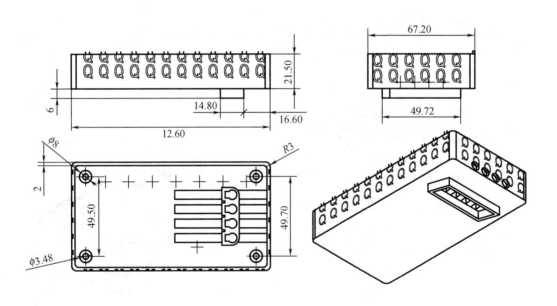

作用:装琴键模块

表 2 - 32 琴键外壳 2 模拟图和设计图

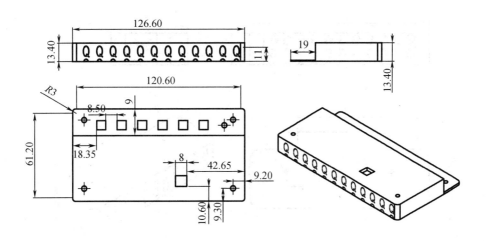

作用:装琴键模块

表 2 - 33　寻手小车外壳 1 模拟图和设计图

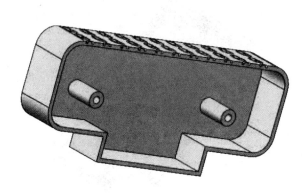

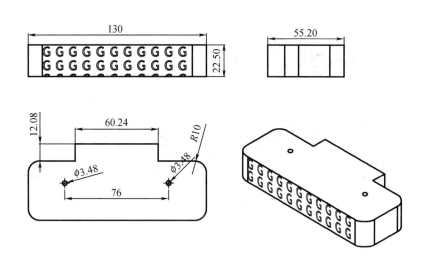

作用:装寻手模块

表 2 – 34　寻手小车外壳 2 模拟图和设计图

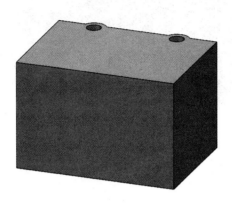

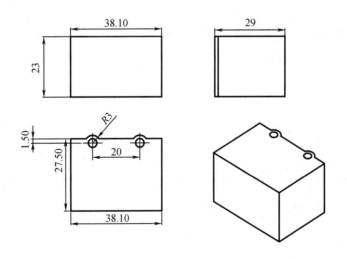

作用:装寻手模块

表 2－35　寻手小车外壳 3 模拟图和设计图

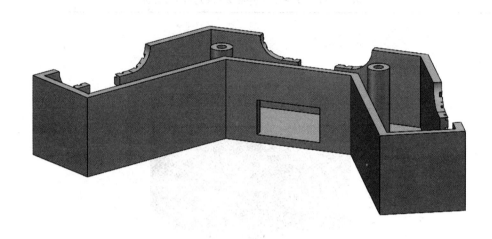

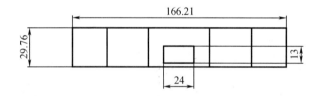

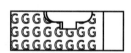

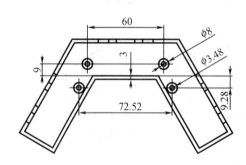

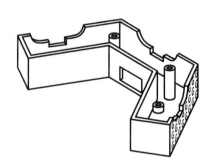

作用:装寻手模块

表 2 - 36 寻手小车外壳 4 模拟图和设计图

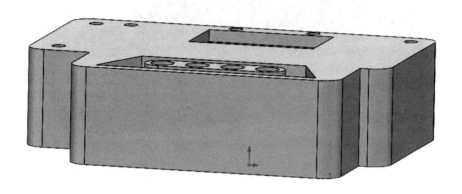

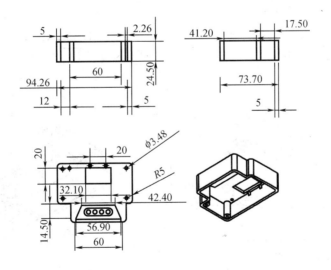

作用:装寻手模块

表 2 – 37　寻手小车外壳 5 模拟图和设计图

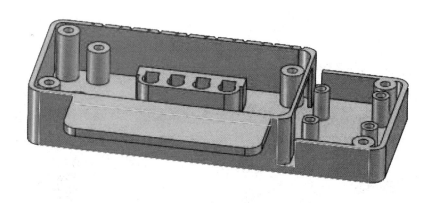

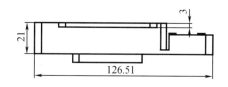

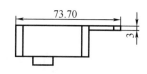

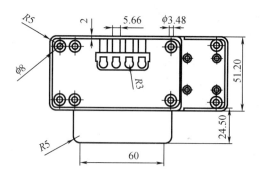

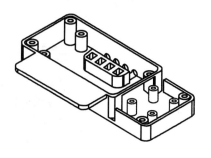

作用:装寻手模块

表 2 – 38 寻手小车外壳 6 模拟图和设计图

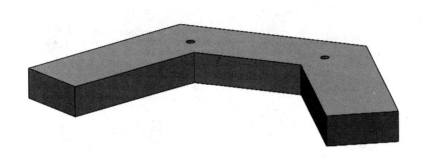

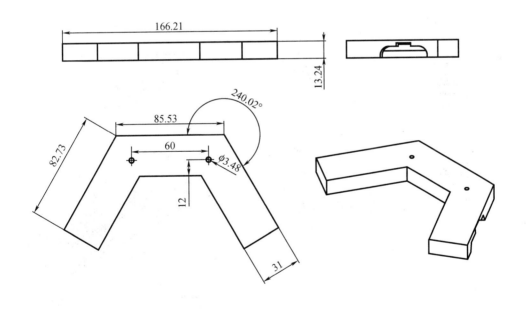

作用:装寻手模块

表 2 – 39　寻手小车外壳 7 模拟图和设计图

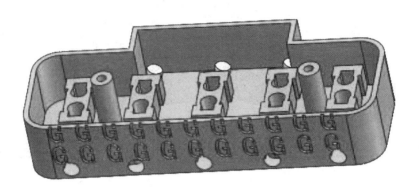

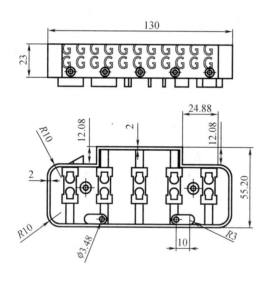

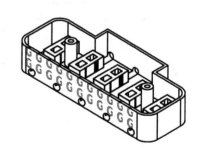

作用:装寻手模块

表 2 - 40　寻手小车外壳 8 模拟图和设计图

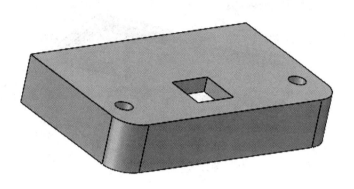

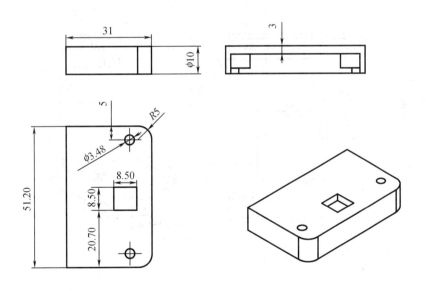

作用:装寻手模块

表 2 – 41　循线小车外壳 1 模拟图和设计图

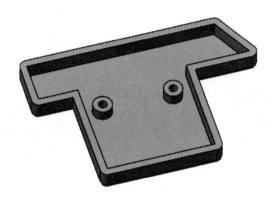

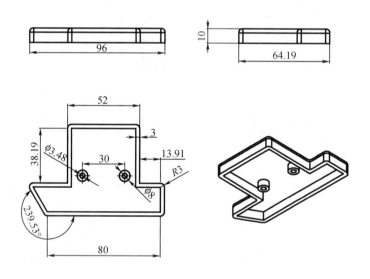

作用:装循线模块

表 2 - 42　循线小车外壳 2 模拟图和设计图

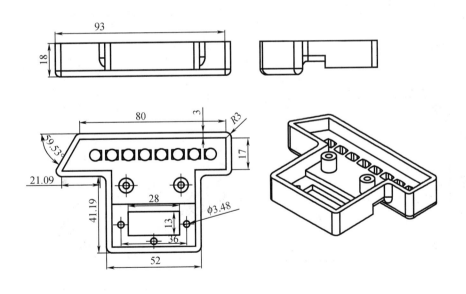

作用:装循线模块

表 2 - 43　循线小车外壳 3 模拟图和设计图

 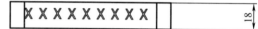

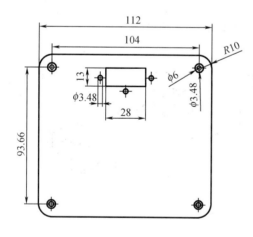 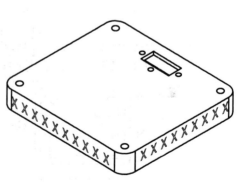

作用:装循线模块

表 2 - 44　循线小车外壳 4 模拟图和设计图

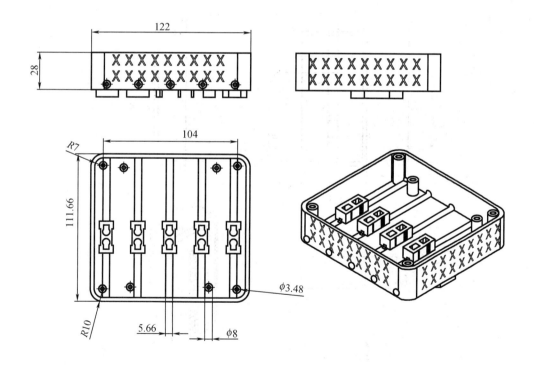

表作用:装循线模块

表 2 - 45　红外模块外壳 1 模拟图和设计图

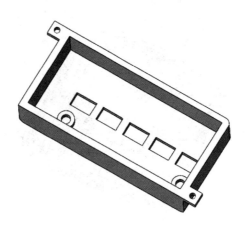

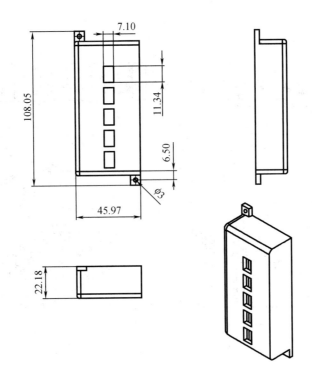

作用:装红外模块

表2-46 红外模块外壳2模拟图和设计图

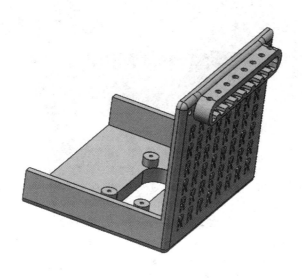

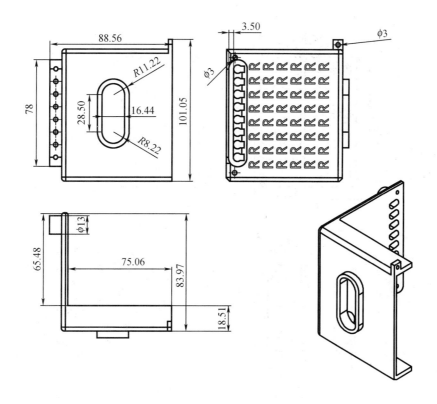

作用:装红外模块

表 2-47 红外模块外壳 3 模拟图和设计图

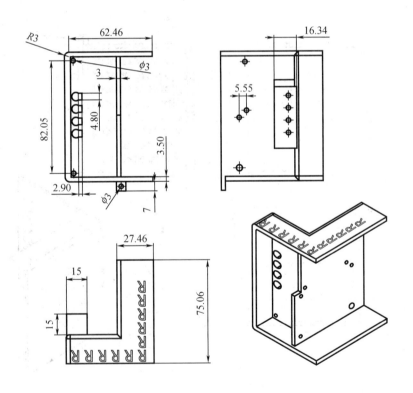

作用:装红外模块

表 2 − 48　右手模拟图和设计图

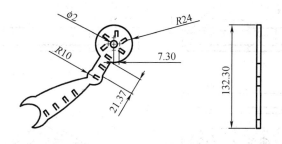

作用:作为右手臂

表 2 - 49　充电器外壳 1 模拟图和设计图

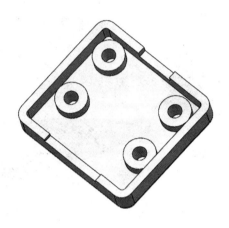

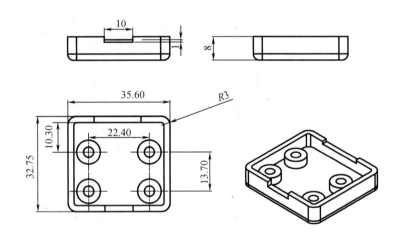

作用:装 USB

表 2－50　充电器外壳 2 模拟图和设计图

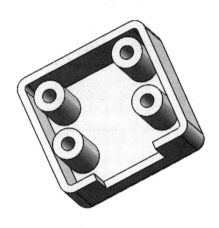

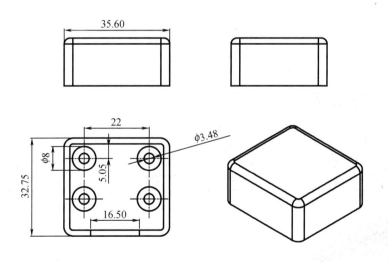

作用:装 USB

表 2 - 51   按钮模拟图和设计图

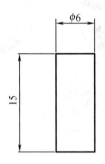

作用:当按钮

2.7   产品组装说明

2.7.1   零件清单

零件清单如表 2 - 52 所示。

表 2 - 52   零件清单

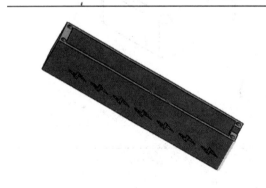

| 电池外壳 1(1 个) | 电池外壳 2(1 个) |

表 2 – 52（续1）

电动机外壳（4 个）

左下电动机外壳（1 个）

左上电动机外壳（1 个）

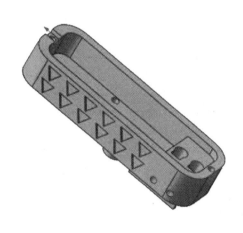

右下电动机外壳（1 个）

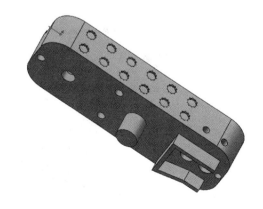

右上电动机外壳（1 个）

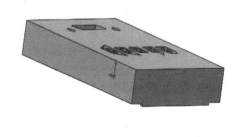

主板外壳1（1 个）

表 2-52(续 2)

主板外壳 2(1 个)

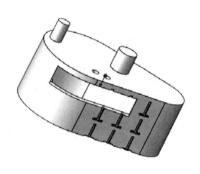

右舵机外壳 1(1 个)

右舵机外壳 2(1 个)

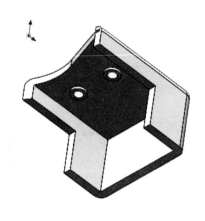

右舵机外壳 3(1 个)

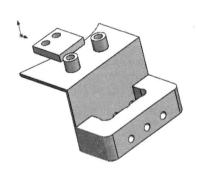

右舵机外壳 4(1 个)

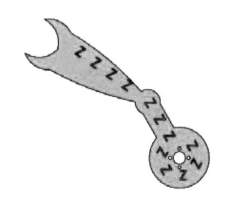

左手(1 个)

表 2 – 52（续 3）

 左舵机外壳 1(1 个)	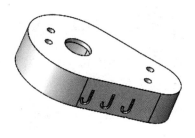 左舵机外壳 2(1 个)
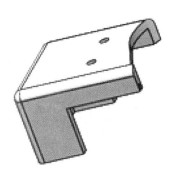 左舵机外壳 3(1 个)	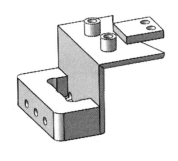 左舵机外壳 4(1 个)
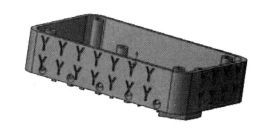 遥控电动机外壳 1(1 个)	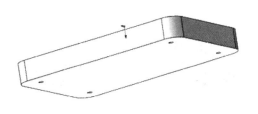 遥控电动机外壳 2(1 个)

表 2 − 52(续 4)

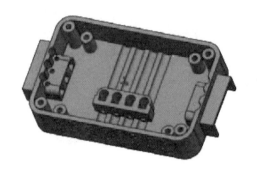

手臂板外壳 1(1 个)

手臂板外壳 2(1 个)

机械足右外壳 1(1 个)

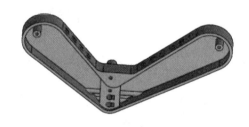

机械足右外壳 2(1 个)

机械足左外壳 1(1 个)

机械足左外壳 2(1 个)

表 2 −52(续 5)

遥控器外壳 1(1 个)

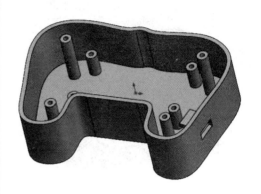

遥控器外壳 2(2 个)

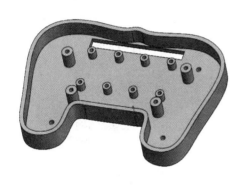

遥控器外壳 3(2 个)

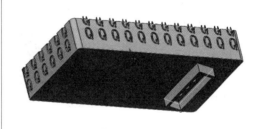

琴键外壳 1(1 个)

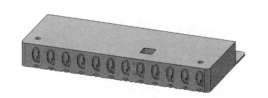

琴键外壳 2(1 个)

寻手小车外壳 1(1 个)

表 2 – 52(续 6)

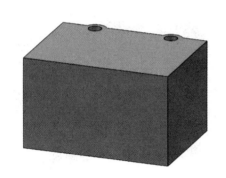

寻手小车外壳 2(1 个)

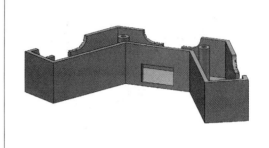

寻手小车外壳 3(1 个)

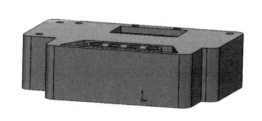

寻手小车外壳 4(1 个)

寻手小车外壳 5(1 个)

寻手小车外壳 6(1 个)

寻手小车外壳 7(1 个)

表 2 – 52(续 7)

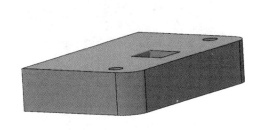

寻手小车外壳 8(1 个)

循线小车外壳 1(1 个)

循线小车外壳 2(1 个)

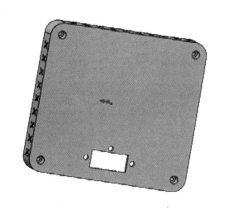

循线小车外壳 3(1 个)

循线小车外壳 4(1 个)

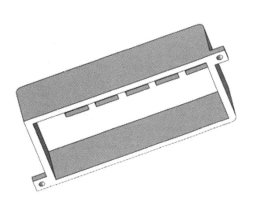

红外模块外壳 1(1 个)

表 2 −52(续 8)

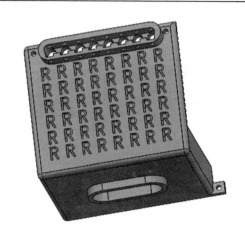

红外模块外壳 2(1 个)

红外模块外壳 3(1 个)

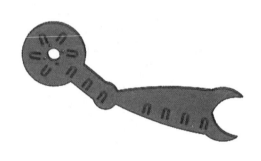

右手(1 个)

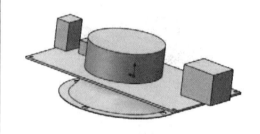

主板(1 个)

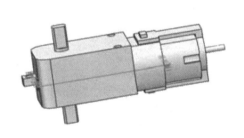

电动机(4 个)

香蕉头(86 个)

表 2 – 52(续 9)

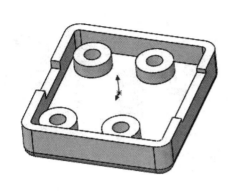 充电器外壳 1(1 个)	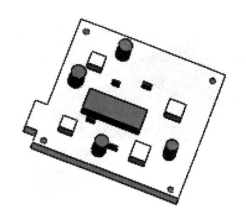 遥控电动机板(1 个)
 车轮(4 个)	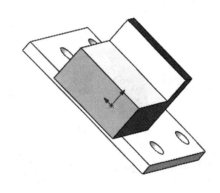 USB 板(1 个)
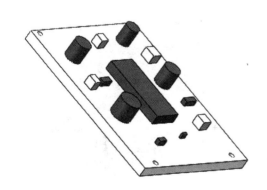 循线板(1 个)	 插头(86 个)

表 2−52(续 10)

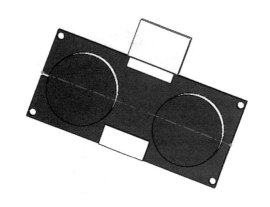

超声波模块(4 个)

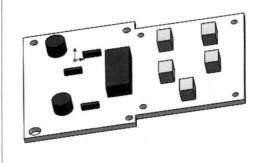

红外超声波板(1 个)

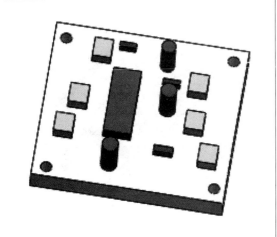

寻手小车 1 号板(1 个)

开关(2 个)

MG995 舵机(2 个)

MG995 舵盘(2 个)

表 2 - 52(续 11)

琴键板(1 个)

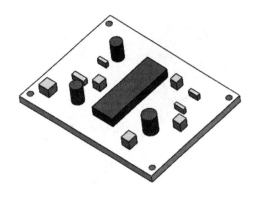

手臂板(1 个)

摇杆(2 个)

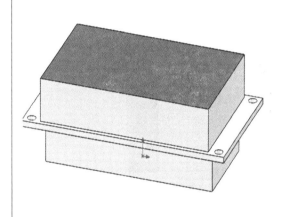

手柄板(1 个)

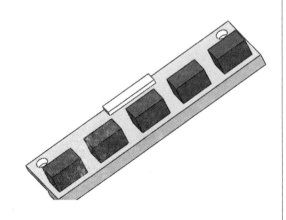

红外传感器(1 个)

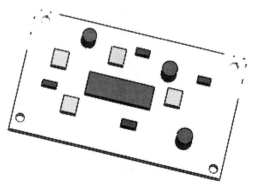

寻手小车 2 号板(1 个)

表 2 - 52(续 12)

电池(1 个)

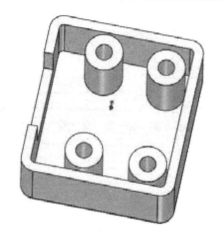

充电器外壳 2(1 个)

M3 ×10(63 个)螺栓

M3 ×15(38 个)螺栓

M3 ×20(26 个)螺栓

M3 ×30(37 个)螺栓

2.7.2　装配步骤

1. 装配电池

Step 1. 如图 2 - 1 所示，装上香蕉头，并用螺栓固定。

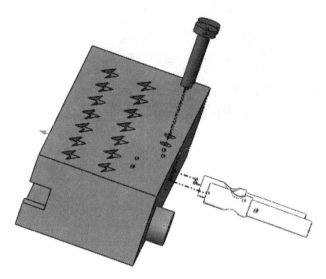

图 2 - 1　把香蕉头安装在电池盒上示意图

Step 2. 如图 2 - 2 所示，装上电池外壳 2，电池和开关用螺栓固定。

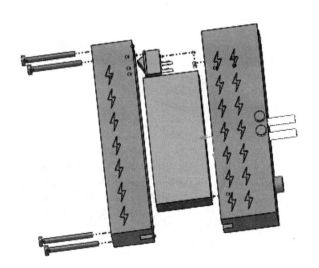

图 2 - 2　安装电池组件示意图

2. 装配电动机

Step 1. 如图 2 - 3 所示,把香蕉头安装到电动机外壳,并用 M15 螺栓固定。

图 2 - 3   电动机外壳安装香蕉头示意图

Step 2. 如图 2 - 4 所示,把香蕉头、电动机外壳 2、电动机用 M30 螺栓固定在一起。

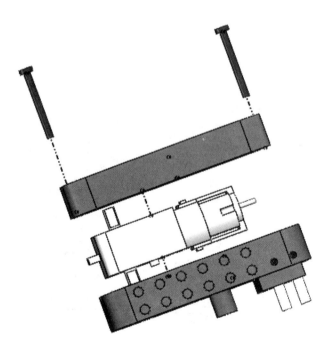

图 2 - 4   安装电动机示意图

3. 装配红外模块

Step 1. 如图 2 - 5 所示,把红外传感器和外壳用 M10 螺栓固定。

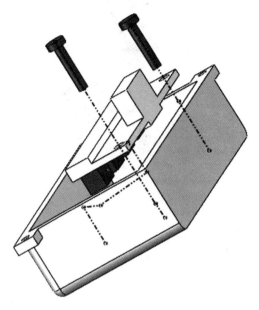

图 2 - 5　安装红外传感器示意图

Step 2. 如图 2 - 6 所示,把电路板和两个外壳用 M15 螺栓固定。

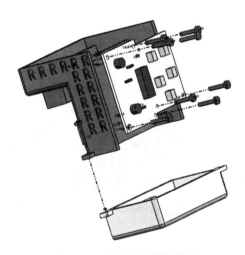

图 2 - 6　安装电路板示意图

Step 3. 如图 2 – 7 所示,用 M30 螺栓把超声波和三个外壳固定。

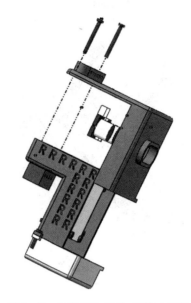

图 2 – 7　安装超声波传感器示意图

4. 装配遥控器

Step 1. 如图 2 – 8 所示,用 M15 螺栓把电池和遥控外壳固定。

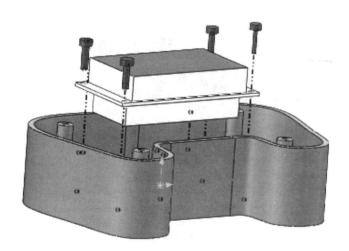

图 2 – 8　安装电池示意图

Step 2. 如图 2 - 9 所示，用 M15 螺栓把电池和遥控外壳固定。

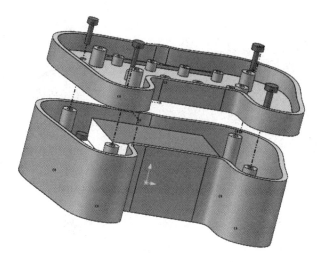

图 2 - 9　安装遥控外壳 3 示意图

Step 3. 如图 2 - 10 所示，用 M10 螺栓把两个摇杆和外壳固定。

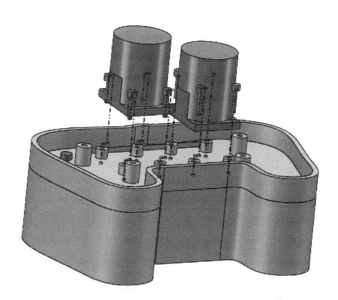

图 2 - 10　安装摇杆示意图

Step 4. 如图 2 - 11 所示,用 M10 螺栓把遥控外壳 1 固定。

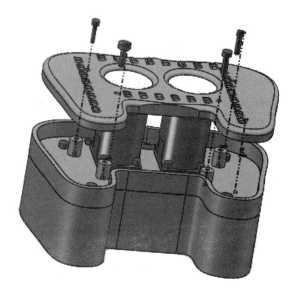

图 2 - 11　安装遥控外壳 1 示意图

5. 装配手臂

Step 1. 如图 2 - 12 所示,用 M10 螺栓固定舵机外壳 1 和 4。

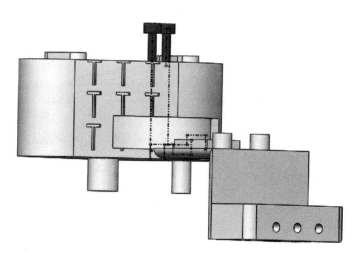

图 2 - 12　安装舵机外壳 1 和 4 示意图

Step 2. 如图 2 – 13 所示,用 M30 螺栓固定舵机和舵机外壳 2。

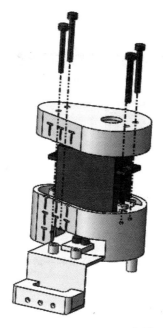

图 2 – 13　安装舵机示意图

Step 3. 如图 2 – 14 所示,用 M10 螺栓固定舵机外壳 3。

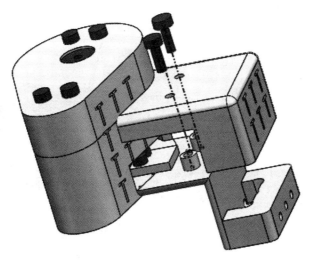

图 2 – 14　安装舵机外壳 3 示意图

Step 4. 如图 2 – 15 所示,用舵机螺栓固定舵盘和手臂。

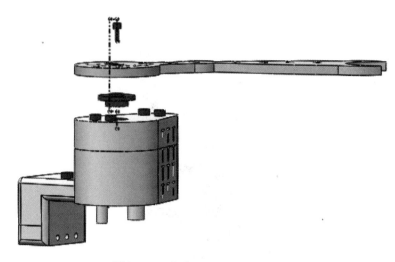

图 2 – 15　安装舵盘和手臂示意图

6. 装配寻手小车模块

Step 1. 如图 2 – 16 所示,用 M10 螺栓固定电路板和外壳。

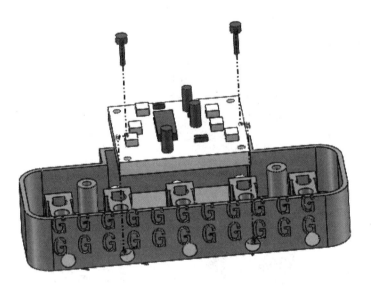

图 2 – 16　安装寻手小车模块 1 示意图

Step 2. 如图 2 – 17 所示,用 M30 螺栓固定外壳 1。

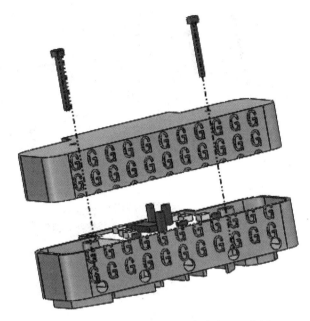

图 2 – 17　安装寻手小车模块外壳 1 示意图

Step 3. 如图 2 – 18 所示,用 M10 螺栓固定外壳 2。

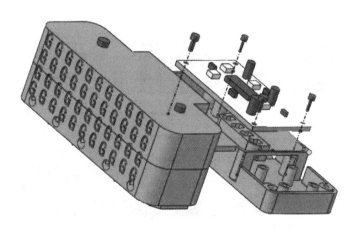

图 2 – 18　安装寻手小车模块外壳 2 示意图

Step 4. 如图 2 - 19 所示,用 M30 螺栓固定外壳 4。

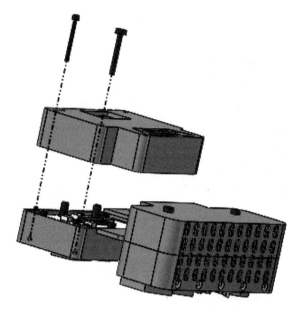

图 2 - 19　安装外壳 4 示意图

Step 5. 如图 2 - 20 所示,用 M30 螺栓固定外壳 3。

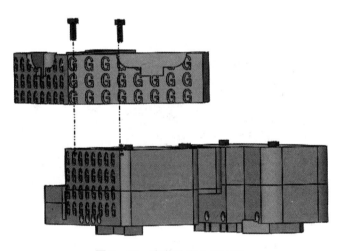

图 2 - 20　安装外壳 3 示意图

Step 6. 如图 2 - 21 所示，用 M30 和 M20 螺栓固定外壳 6 和 2。

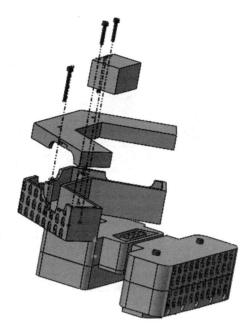

图 2 - 21　安装外壳 6 和 2 示意图

7. 装配手臂板

Step 1. 如图 2 - 22 所示，用 M15 螺栓固定外壳 1 和电路板。

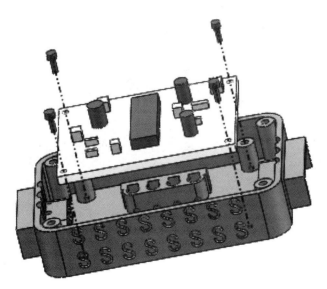

图 2 - 22　装配手臂板 1 示意图

Step 2. 如图 2 - 23 所示,用 M15 螺栓固定外壳 1 和外壳 2。

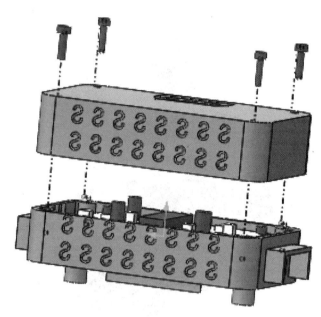

图 2 - 23   装配手臂板 2 示意图

8. 装配循线模块

Step 1. 如图 2 - 24 所示,用 M15 螺栓固定电路板和外壳 4。

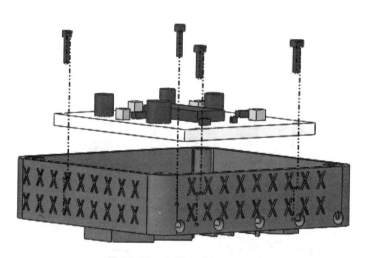

图 2 - 24   安装电路板示意图

Step 2. 如图 2 – 25 所示,用 M30 螺栓固定外壳 3。

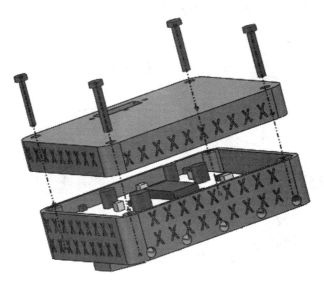

图 2 – 25　固定外壳 3 示意图

Step 3. 如图 2 – 26 所示,用 M10 螺栓固定外壳 2 和 3,用 M20 螺栓固定外壳 1 和 2。

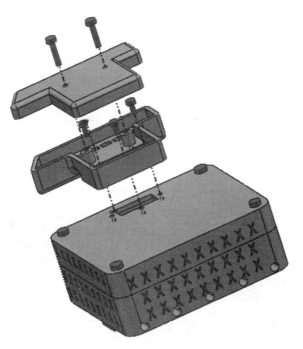

图 2 – 26　固定外壳 1 和外壳 2 示意图

9. 装配遥控电动机模块

Step 1. 如图 2 – 27 所示，用 M15 螺栓固定电路板。

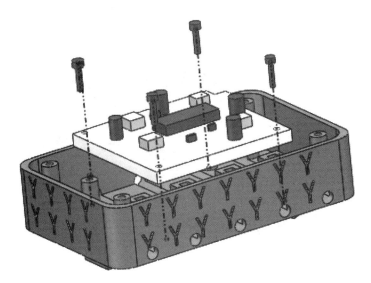

图 2 – 27　固定电路板示意图

Step 2. 如图 2 – 28 所示，用 M30 螺栓固定外壳。

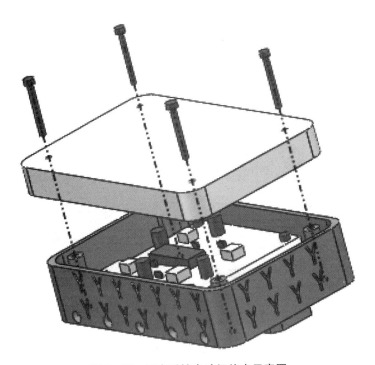

图 2 – 28　固定遥控电动机外壳示意图

10. 装配七音琴模块

如图 2 - 29 所示,用 M30,M20 螺栓固定外壳和电路板。

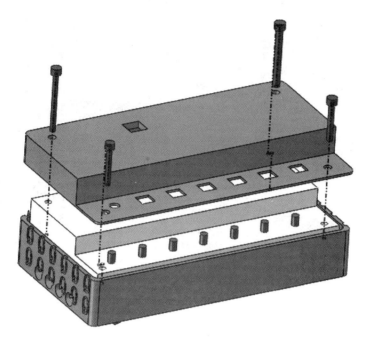

图 2 - 29　固定外壳和电路板示意图

11. 装配底板

Step 1. 如图 2 - 30 所示,用 M10 螺栓固定电路板。

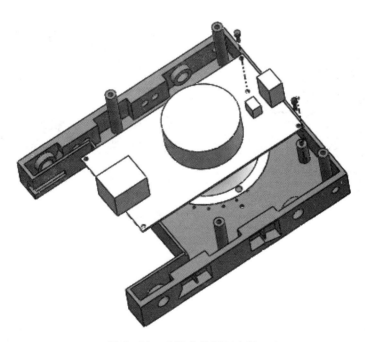

图 2 - 30　安装电路板示意图

Step 2. 如图 2 – 31 所示,用 M30 螺栓固定外壳。

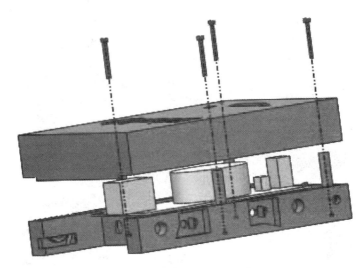

图 2 – 31　固定底板外壳示意图

12. 装配机械腿

如图 2 – 32 所示,用 M15 螺栓将两个机械腿的外壳连接起来。

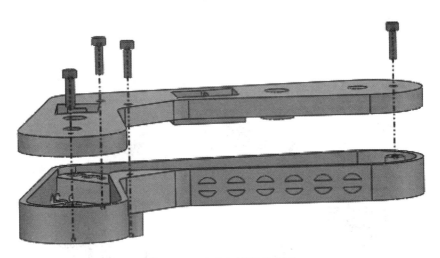

图 2 – 32　安装机械腿示意图

13. 合成寻手小车

将寻手模块、超声波传感器、电动机模块、电池模块、轮子和底板按照相应的插孔插入。寻手小车的总体装配如图2-33所示,完成图如图2-34所示,实物图如图2-35所示。

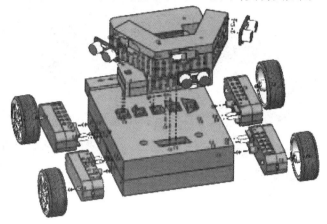

图2-33　寻手小车装配图

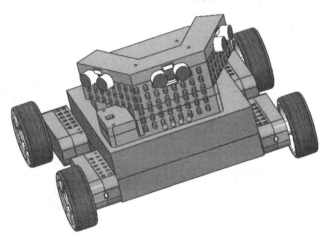

图2-34　寻手小车完成图

图2-35　寻手小车实物图

14. 合成七音琴小车

将底板、电动机模块、轮子、电池模块和琴键模块插入相应的插孔。七音琴小车的总体装配如图 2 - 36 所示,完成图如图 2 - 37 所示,实物图如图 2 - 38 所示。

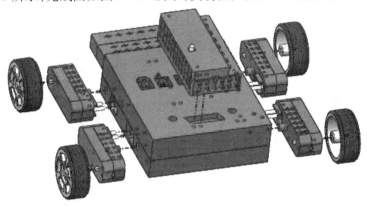

图 2 - 36　七音琴小车装配图

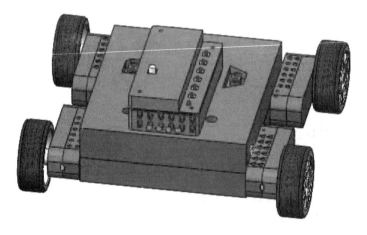

图 2 - 37　七音琴小车完成图

图 2 - 38　七音琴小车实物图

15. 合成循线小车

　　将底板、电动机模块、轮子、电池模块和循线模块插入相应的插孔。循线小车的总体装配如图 2 - 39 所示,完成图如图 2 - 40 所示,实物图如图 2 - 41 所示。

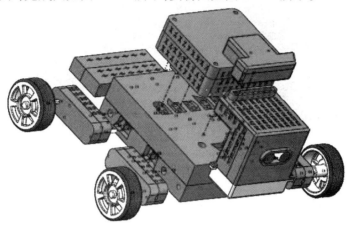

图 2 - 39　循线小车装配图

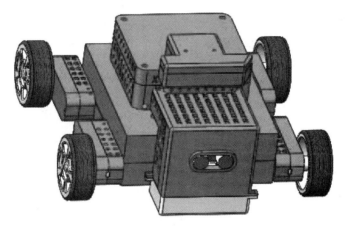

图 2 - 40　循线小车完成图

图 2 - 41　循线小车实物图

16. 合成机器人

Step 1. 如图 2 - 42 所示,将电池模块插入底板相应插孔。

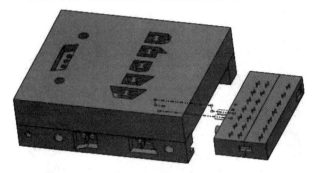

图 2 - 42　插入电池示意图

Step 2. 如图 2 - 43 所示,将遥控模块插入底板相应插孔。

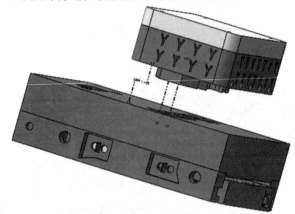

图 2 - 43　插入遥控模块示意图

Step 3. 如图 2 - 44 所示,将手臂板插入底板相应插孔。

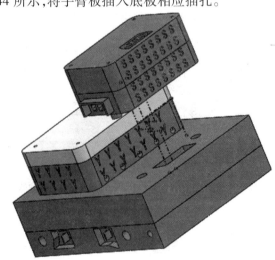

图 2 - 44　插入手臂板示意图

Step 4. 如图 2 – 45 所示，将两个舵机模块插入手臂板相应插孔。

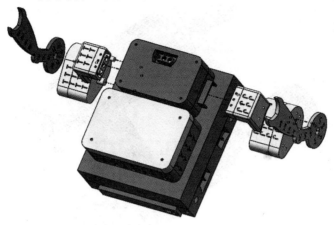

图 2 – 45 装舵机模块示意图

Step 5. 如图 2 – 46 所示，将轮子、电动机模块、机械足和底板插入相应插孔。

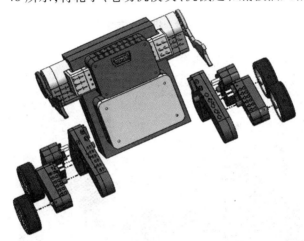

图 2 – 46 装机械腿模块示意图

机器人爆炸图如图 2 – 47 所示，完成图如图 2 – 48 所示，实物图如图 2 – 49 所示。

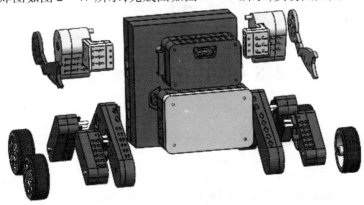

图 2 – 47 机器人爆炸图

图 2-48　机器人完成图

图 2-49　机器人实物图

2.8　电路设计与接线

2.8.1　电路硬件系统框图

1. 遥控报障小车系统框图

遥控报障小车系统框图如图 2-50 所示。

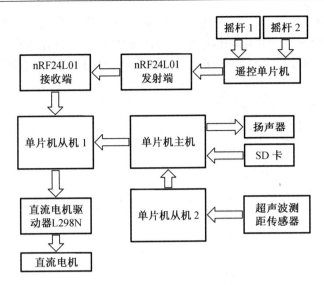

图 2-50 遥控报障小车系统框图

遥控单片机接收到摇杆信息后,通过 nRF24L01 模块发送到单片机从机 1,单片机从机 1 接收到该信息后,控制直流电动机驱动模块驱动小车运动;同时单片机从机 2 不断读取超声波传感器的数据,若数据在给定障碍物范围内,单片机从机 2 将会:

(1)返回信息给单片机主机,主机再发送信息给单片机从机 1,单片机从机 1 将通过直流电动机驱动器 L298N 使直流电动机停止转动,进而使小车停止前进;

(2)返回信息给单片机主机,单片机主机读取 SD 卡播报障碍物的语音文件,再通过扬声器播放。

2. 循线小车系统框图

循线小车系统框图如图 2-51 所示。

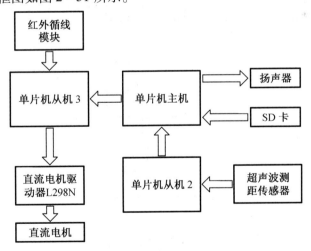

图 2-51 循线小车系统框图

单片机从机 3 读取红外循线模块的信息,通过直流电动机驱动器 L298N 驱动直流电动机,进而控制小车循线前进;同时单片机从机 2 会不断读取超声波传感器的数据,若数据在给定的障碍物范围内,单片机从机 2 将会:

（1）返回信息给单片机主机,主机再发送信息给单片机从机 3,单片机从机 3 将通过直流电动机驱动器 L298N 使直流电动机停止转动,进而使得小车停止前进;

（2）返回信息给单片机主机,单片机主机读取 SD 卡后播报前方有障碍的语音文件,再通过扬声器播放。

3. 七音琴系统框图

七音琴系统框图如图 2-52 所示。

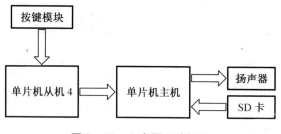

图 2-52　七音琴系统框图

单片机从机 4 读取到按键模块相应的按键信息后,返回信号给主机,主机读取 SD 卡相应的琴键的音乐文件,再通过扬声器播放。

4. 寻手小车系统框图

寻手小车系统框图如图 2-53 所示。

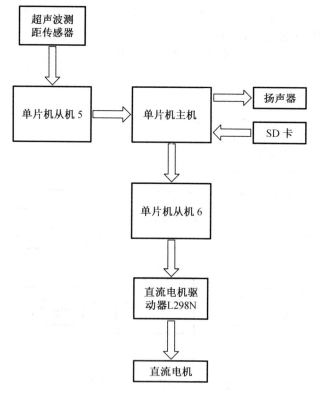

图 2-53　寻手小车系统框图

单片机从机 5 读取超声波传感器的信息,若检测到手部在检测范围内,单片机从机 5 返回信息给主机,单片机主机将会:

（1）读取 SD 卡相应的小狗语音文件，再通过扬声器播放；

（2）通过直流电动机驱动器 L298N 驱动直流电动机，进而控制寻手小车跟手前进。

5. 小机器人系统框图

小机器人系统框图如图 2-54 所示。

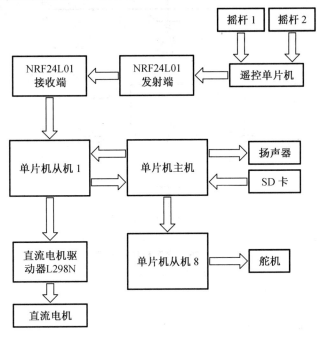

图 2-54　小机器人系统框图

遥控单片机接收到摇杆信息后，通过 nRF24L01 发射端发射信息给单片机从机 1，单片机从机 1 通过 nRF24L01 接收端接收到该信息后：

（1）通过直流电动机驱动器 L298N 驱动直流电动机，进而控制小车的运动方向；

（2）返回信息给单片机主机，主机再发送信息给单片机从机 8，单片机从机 8 驱动舵机转动；同时主机读取 SD 卡播报机器人相关的语音文件，再通过扬声器播放。

2.8.2　电路模块设计

1. 电源模块

电源稳压电路如图 2-55 所示。

采用 7.4 V 的锂聚合物电池对拼接成的电子积木供电。由于大部分芯片及元件工作电压为 5 V，因此需要采用 LM7805 稳压芯片进行稳压，结合外部的两组陶瓷电容和电解电容进行滤波，即可输出 5 V 左右的稳定电压。考虑到多个元器件共用一个 5 V 电源会导致 LM7805 过热甚至烧毁等问题，同时结合电子积木的结构，本作品采用每个积木单独供电方式，即每一个积木都提供一个 LM7805 稳压电路，以确保所有元件及模块都能正常且稳定地工作。此外，部分元件需要提供 3.3 V 工作电压，如 nRF24L01、SD 卡，本作品采用了 LM1117T-3.3 稳压芯片，将 5 V 电压经两组陶瓷电容和电解电容进行滤波后，输出 3.3 V 电压，以供相关器件工作。

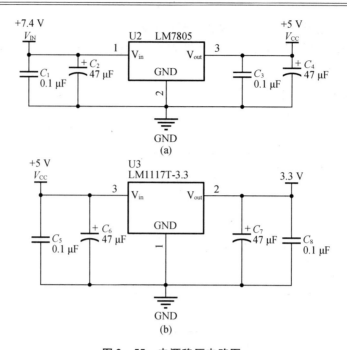

图 2 - 55　电源稳压电路图

(a)5 V 稳压电路;(b)3.3 V 稳压电路

2.电动机驱动模块

电动机驱动模块如图 2 - 56 所示。

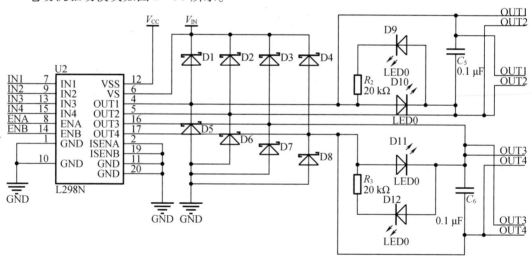

图 2 - 56　电动机驱动电路图

电动机转动时需要比较大的电流,若直接接在芯片上,会把芯片烧坏,所以需要用电动机驱动芯片 L298N 对直流电动机进行驱动。

Mega328 通过给 L298N 的 IN1,IN2,IN3,IN4 引脚输出高低电平,使 OUT1,OUT2,OUT3,OUT4 输出对应的高低电平来控制直流电动机的正转、反转或停止不动,从而实现小车的前进、后退或停止;通过给 ENA,ENB 输出 PWM 信号,可以控制 OUT1,OUT2,OUT3,OUT4 输出电流的大小,从而控制电动机的转速,进而达到控制小车的走动速度。若 Mega328 给 IN1,IN2 的电平与给 IN3,IN4 的电平相反,则可控制小车原地旋转;若 Mega328

给 IN1,IN2 的电平与给 IN3,IN4 的电平相同,但给 ENA,ENB 输出 PWM 信号的占空比不同,则可以控制小车左转或右转。

3.电压保护模块

电压保护电路如图 2 – 57 所示,电压保护模块如图 2 – 58 所示。

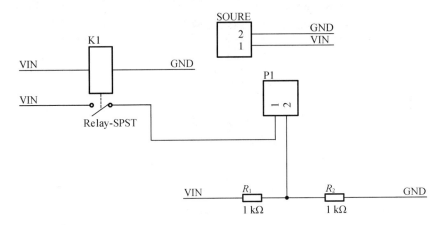

图 2 – 57　电压保护电路图

图 2 – 58　电压保护模块图

电源电压输入端接继电器的公共端(或常开端),输出端接继电器的常开端(或公共端),同时电源电压接在继电器线圈的两端,以给继电器提供工作电压。当电源电压处于充满电的状态(7.6 V),继电器的线圈通电,继电器由常开状态切换到常闭状态,电源电压正常输出;当电源电压降到 6 V 左右时,继电器线圈磁性减弱,使常开端无法切换到常闭状态,从而使得电源无法给各功能模块供电。当电池充电至 7 V 左右时,才能重新给各功能模块正常供电。本模块还采用电阻分压模式来检测电源电压,用单片机主机的模拟口接电源分压点来模拟读取电源电压值,当检测到电源电压降至 6.3 V 左右时,通过语音播报"电量不足,请充电"的提示语音,若用户持续使用,电源电压降至 6 V 时,继电器将强行断开电源输出端,切断电源供电。

4.语音模块

语音模块电路图如图 2 – 59 所示。

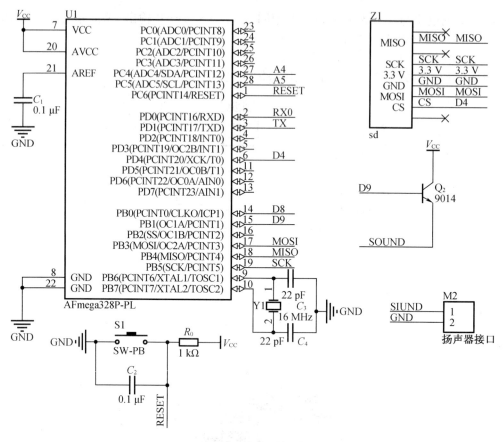

图 2 - 59　语音模块电路图

　　语音播放的实现过程为单片机主机先检测 SD 是否准备就绪,接着调用语音文件,文件格式为. afm,读取到语音文件后单片机主机将播放信号传到 NPN 三极管 S9014 将信号放大后通过扬声器播放。

　　5. nRF24L01 无线模块

　　nRF24L01 无线模块如图 2 - 60 所示。发射数据时,首先将 nRF24L01 配置为发射模式,接着把接收节点地址 TX_ADDR 和有效数据 TX_PLD 按照时序由 SPI 口写入 nRF24L01 缓存区,TX_PLD 必须在 CSN 为低电平时连续写入,而 TX_ADDR 在发射时写入一次即可,然后 CE 置为高电平并保持至少 10 μs,延迟 130 μs 后发射数据;若自动应答开启,那么 nRF24L01 在发射数据后立即进入接收模式,接收应答信号(自动应答接收地址应该与接收节点地址 TX_ADDR 一致)。如果收到应答,则认为此次通信成功,TX_DS 置高电平,同时 TX_PLD 从 TX FIFO 中清除;若未收到应答,则自动重新发射该数据(自动重发已开启),若重发次数(ARC)达到上限,MAX_RT 置高电平,TX_FIFO 中数据保留以便再次重发;MAX_RT 或 TX_DS 置高电平时,使 IRQ 变为低电平,产生中断,通知 MCU。最后发射成功时,若 CE 为低电平则 nRF24L01 进入空闲模式 1;若发送堆栈中有数据且 CE 为高电平,则进入下一次发射;若发送堆栈中无数据且 CE 为高电平,则进入空闲模式 2。

　　接收数据时,首先将 nRF24L01 配置为接收模式,接着延迟 130 μs 进入接收状态等待数据的到来。当接收方检测到有效的地址和 CRC 时,就将数据包存储在 RX_FIFO 中,同时中断标志位 RX_DR 置高电平,IRQ 变低,产生中断,通知 MCU 去取数据。若此时自动应答开启,接收方则同时进入发射状态回传应答信号。最后,接收成功时,若 CE 变为低电平,则 nRF24L01 进入空闲模式 1。

图 2 - 60　nRF24L01 无线模块实物图

2.8.3　接线总表

接线总表如表 2 - 53 至表 2 - 61 所示。

表 2 - 53　主机与各从机接线总表

序号	模块引脚名称	Arduino 中对应引脚	备注
1	SD 卡 MISO	D12	主机中 D12
2	SD 卡 SCK	D13	主机中 D13
3	SD 卡 MOSI	D11	主机中 D11
4	SD 卡 CS	D4	主机中 D4
5	S9014 基极	D9	主机中 D9
6	各从机 SCL	A5	主机中 A5
7	各从机 SDA	A4	主机中 A4

表 2 - 54　遥控接收模块接线总表

序号	模块引脚名称	Arduino 中对应引脚	备注
1	nRF24L01 CE 引脚	D8	从机 1 中 D8
2	nRF24L01 CSN 引脚	D9	从机 1 中 D9
3	nRF24L01 SCK 引脚	D13	从机 1 中 D13
4	nRF24L01 MISO 引脚	D12	从机 1 中 D12
5	nRF24L01 CE 引脚	D11	从机 1 中 D11
6	主机 SCL	A5	从机 1 中 A5
7	主机 SDA	A4	从机 1 中 A4

表 2－54（续）

序号	模块引脚名称	Arduino 中对应引脚	备注
8	L298N 电动机驱动模块 IN1	D2	从机 1 中 D2
9	L298N 电动机驱动模块 IN2	D4	从机 1 中 D4
10	L298N 电动机驱动模块 IN3	D6	从机 1 中 D6
11	L298N 电动机驱动模块 IN4	D7	从机 1 中 D7
12	L298N 电动机驱动模块 ENA	D3	从机 1 中 D3
13	L298N 电动机驱动模块 ENB	D5	从机 1 中 D5

表 2－55　报障超声波模块接线总表

序号	模块引脚名称	Arduino 中对应引脚	备注
1	超声波 Trig	A1	从机 2 中 A1
2	超声波 Echo	A0	从机 2 中 A0
3	主机 SCL	A5	从机 2 中 A5
4	主机 SDA	A4	从机 2 中 A4

表 2－56　红外循线传感器接线总表

序号	模块引脚名称	Arduino 中对应引脚	备注
1	红外循线模块 S5	A0	从机 3 中 A0
2	红外循线模块 S4	A1	从机 3 中 A1
3	红外循线模块 S3	A2	从机 3 中 A2
4	红外循线模块 S2	A3	从机 3 中 A3
5	主机 SCL	A5	从机 3 中 A5
6	主机 SDA	A4	从机 3 中 A4

表 2－57　小钢琴模块接线总表

序号	模块引脚名称	从机 4 Arduino 对应引脚	备注
1	琴键 1	D2	从机 4 中 D2
2	琴键 2	D3	从机 4 中 D3
3	琴键 3	D4	从机 4 中 D4
4	琴键 4	D5	从机 4 中 D5
5	琴键 5	D6	从机 4 中 D6
6	琴键 6	D7	从机 4 中 D7
7	琴键 7	D8	从机 4 中 D8
8	琴键 8	D9	从机 4 中 D9
9	主机 SCL	A5	从机 4 中 A5
10	主机 SDA	A4	从机 4 中 A4

表 2－58　寻手超声波模块接线总表

序号	模块引脚名称	从机 5 Arduino 对应引脚	备注
1	右超声波 Trig	D3	从机 5 中 D3
2	右超声波 Echo	D2	从机 5 中 D2
3	中超声波 Trig	D6	从机 5 中 D6
4	中超声波 Echo	D5	从机 5 中 D5
5	左超声波 Trig	D8	从机 5 中 D8
6	左超声波 Echo	D7	从机 5 中 D7
7	主机 SCL	A5	从机 5 中 A5
8	主机 SDA	A4	从机 5 中 A4

表 2－59　电动机驱动接线总表

序号	模块引脚名称	从机 6 Arduino 对应引脚	备注
1	L298N 电动机驱动模块 IN1	D2	从机 6 中 D2
2	L298N 电动机驱动模块 IN2	D4	从机 6 中 D4
3	L298N 电动机驱动模块 IN3	D6	从机 6 中 D6
4	L298N 电动机驱动模块 IN4	D7	从机 6 中 D7
5	L298N 电动机驱动模块 ENA	D3	从机 6 中 D3
6	L298N 电动机驱动模块 ENB	D5	从机 6 中 D5
7	主机 SCL	A5	从机 6 中 A5
8	主机 SDA	A4	从机 6 中 A4

表 2－60　机器人手臂模块接线总表

序号	模块引脚名称	从机 7 Arduino 对应引脚	备注
1	左舵机信号线	D8	从机 7 中 D8
2	右舵机信号线	D9	从机 7 中 D9
3	主机 SCL	A5	从机 7 中 A5
4	主机 SDA	A4	从机 7 中 A4

表 2－61　遥控接线总表

序号	模块引脚名称	遥控 Arduino 对应引脚	备注
1	nRF24L01 CE 引脚	D8	从机 8 中 D8
2	nRF24L01 CSN 引脚	D9	从机 8 中 D9
3	nRF24L01 SCK 引脚	D13	从机 8 中 D13
4	nRF24L01 MISO 引脚	D12	从机 8 中 D12
5	nRF24L01 CE 引脚	D11	从机 8 中 D11

表 2-61(续)

序号	模块引脚名称	遥控 Arduino 对应引脚	备注
6	左摇杆 SW	A0	从机 8 中 A0
7	左摇杆 VRy	A1	从机 8 中 A1
8	左摇杆 VRx	A2	从机 8 中 A2
9	右摇杆 SW	A3	从机 8 中 A3
10	右摇杆 VRy	A4	从机 8 中 A4
11	右摇杆 VRx	A5	从机 8 中 A5

2.9 软件设计

2.9.1 程序设计思想

本作品采用 I^2C 总线协议,通过主机实现从机间的通信,从而把多个从机联系在一起。从机之间的通信需要主机来协调。例如,两个从机之间的通信过程为:1 号从机先发送数据给主机,主机接收到数据后将其转发给 2 号从机,2 号从机做出反应后将给主机反馈回一个响应。根据 I^2C 协议,本作品最多可接入 127 个从机模块。根据不同模块的拼积结果,可将程序分为五个基本模块。

1. 循线小车模块

循线小车模块主要由红外循线模块、超声波模块及主机三个功能模块构成。从机红外循线传感器模块将检测结果传给主机,主机根据该信号控制循线过程;同时,从机超声波模块将检测结果传给主机,主机再根据此信号控制小车是否停止及相关语音报障。

2. 寻手小车模块

寻手小车模块主要由三个超声波模块及主机模块构成。左中右三个超声波同时检测,再由从机将检测结果传给主机,主机再根据信号控制小车的运动状态,或播放相关语音。

3. 遥控报障小车

遥控报障小车主要由主机、遥控接收模块、遥控器、超声波模块构成。遥控器将操控信号发送给遥控接收模块,主机再判断接收器的信号,进而控制小车的运动状态;几乎同一时间内,从机超声波模块将检测到的信号发送给主机,主机根据信号选择是否语音报障。

4. 小机器人

小机器人主要由主机模块、遥控器、舵机模块构成。遥控器将操控信号发送给主机上的遥控接收模块,再由主机根据所接收的信号执行相关的任务,包括改变小车的运动方向及是否启动机械手臂。

5. 七音琴

七音琴主要由主机和钢琴模块构成。从机钢琴模块将七音符按钮的状态信号发送给主机,主机再根据接收到的信号播放相应的音符。

2.9.2　程序流程图

1. 循线小车工作流程

循线小车工作流程如图 2 - 61 所示。

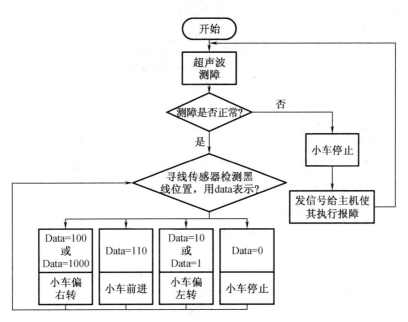

图 2 - 61　循线小车模块工作流程图

2. 寻手小车工作流程

寻手小车工作流程如图 2 - 62 所示。

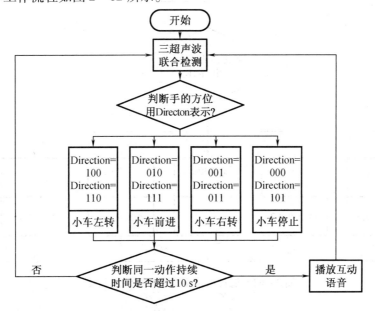

图 2 - 62　寻手小车模块工作流程图

3. 遥控报障小车工作流程

遥控报障小车工作流程如图 2 - 63 所示。

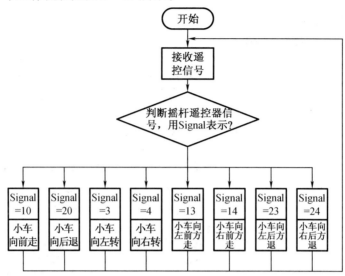

图 2 - 63　遥控报障小车工作流程图

4. 遥控报障小车报障模块流程

遥控报障小车报障模块流程如图 2 - 64 所示。

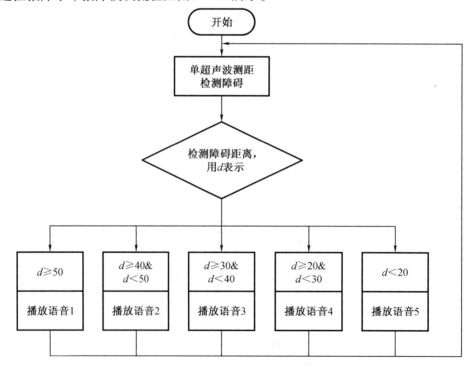

图 2 - 64　遥控报障小车报障模块流程图

5. 小机器人工作流程

小机器人工作流程如图 2 - 65 所示。

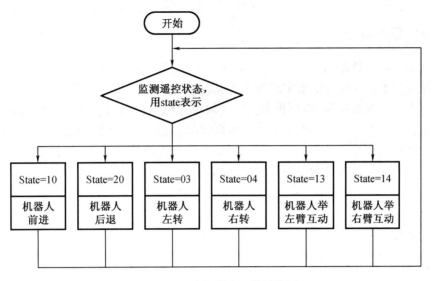

图 2 - 65 小机器人工作流程图

6. 七音琴工作流程

七音琴工作流程如图 2 - 66 所示。

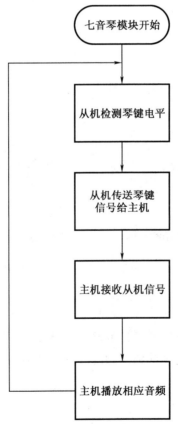

图 2 - 66 七音琴工作流程图

2.9.3　程序算法

1. 一主多从通信算法

本作品通过 I^{2}C 总线协议来实现若干个功能模块之间的信息传递,采用了一主多从的通信方式。在系统配置阶段,需要设置其中一块单片机为主机,其他单片机均为从机,并且为所有从机设置一个特定的地址,以实现模块间的信息交换。模块间的通信过程为:从机将采集到的数据储存在一个变量里,当主机要求从机传送数据时,从机将把该数据传送给主机,传送完后,主机再将该数据转发给其他从机。

伪代码:

```
1 //First:
2 slave1( )
3 {
4      data = Read_from_sensor( );
5      Send_to_Master( data );
6 }
7
8 //Then:
9 master( )
10 {
11      data = Read_from_slave( );
12      Send_to_slave( );
13 }
14
15 //And then:
16 Other_slave( )
17 {
18      data = Read_from_master( );
19      Do_something( );
20 }
```

2. 遥控小车算法

发射端:用一个变量记录玩家对摇杆的操控,然后以无线电磁波的形式发射出去。

接收端:接收发射端传送过来的数据,并做出相应反应。

伪代码:

```
1 //发射端:
2 data = read( );
3 send( data );
4 //接收端:
```

```
5 data = receive( );
6 run( data);
```

3. 小车循黑线算法

小车下方有一组红外传感器是用来检测黑线的。当红外探测到黑线的时候就会返回一个比较大的数值。并将各个红外返回的数值按照顺序排列成一个数值,根据这个数值,可以判断出此时小车检测到的黑线的情况,并令小车做出相应的动作,从而让小车沿着黑线走。

伪代码:

```
1 Track( )
2 {
3     n1 = 第一个红外返回的数值;
4     n2 = 第二个红外返回的数值;
5     n3 = 第三个红外返回的数值;
6     n4 = 第四个红外返回的数值;
7     data = n1 * 1000 + n2 * 100 + n3 * 10 + n4;
8     run( data);
9 }
```

4. 小车寻手互动算法

寻手小车上有三个呈一定角度的超声波,可以探测到前方 10 cm 以内的手部运动状况,控制电动机的单片机根据超声波探测到的情况作出相应的反应。为了增加互动的趣味性,当小狗持续寻手跑超过 10 s 的时候,小狗会发出声音表达自身的情绪;当小狗 10 s 以内没有探测到手部情况时,也会发出声音以吸引玩家的注意。

伪代码:

```
1 Track( )
2 {
3     If( 探测到手部)
4     {
5         Run( );
6         If( 超过 10 s)
7         Emotion( );
8     }
9     Else
10        If( 超过 10 s)
11        Attention( );
12 }
```

第 3 章

盲人版节奏大师

3.1 设 计 理 念

中国拥有近 500 万视障人群,占全世界盲人总数的五分之一,这一数目还在快速增加。如何提高视障人群生活质量,是科技领域广泛关注的方向之一。据调查结果,盲人的听觉能力要比正常人高出 67%,故他们更加适合感受音乐的魅力。

本作品是借鉴了一款时兴的手机软件"节奏大师"的游戏模式,并对其进行改良,开发的一款可锻炼盲人触觉与听觉的音乐游戏机。作品内置了多首时下流行的音乐,配合音响效果,可让玩家在玩乐之余享受到音乐盛宴。

盲人佩戴游戏手套,通过位于手套末端的震动模块,提示游戏者拍击与振动位置对应的按钮,进行激动人心的闯关游戏。本作品除了可以提高盲人听觉和触觉的灵敏度,还能使他们在娱乐休闲中增强记忆力和感知力,并提高使用者的生活认同感和幸福感,使其更加自信,身心更加健康。

3.2 项 目 创 新

3.2.1 理念创新

盲人因为视力有缺陷,而市面上大多数游戏都是建立在视觉感知上,通过视觉提示而进行游戏,导致盲人无法参与太多有趣的游戏。本项目的项目"音乐之声"将风靡一时的音乐类游戏"节奏大师"实体化,运用了触觉代替视觉的创新思维,巧妙地将这款只能通过视觉玩的游戏改变成正常人与盲人皆可玩的多元化游戏。

3.2.2 技术创新

原有的"节奏大师"是通过手机等数码设备开发的游戏,通过视觉与玩家完成交互,实现游戏;"盲人版节奏大师"则不然,玩家可通过佩戴游戏手套感受来自指尖的震动,并适时地做出判断来完成与机器的交互,实现功能,享受游戏的乐趣。

3.2.3　功能创新

玩家在游戏中要充分调动触觉和听觉来完成游戏任务,因此玩家在娱乐之余还可以锻炼听觉和触觉的灵敏度,在娱乐休闲中增强记忆力和感知力,提高生活认同感和幸福感,更加自信。

3.3　功能与预期的效果

3.3.1　作品功能介绍

本作品实现了节奏大师的盲人版创作,主要功能如下。

1. 激情挑战功能

在播放音乐的同时,可以向玩家提供激情挑战模式,玩家通过拍击位于产品顶端的游戏键,伴随音乐的节奏,进行激情游戏,作品可以将对玩家的表现做出评估,并及时准确地反馈给玩家。

2. 语音报分功能

玩家在游戏中通过对振动提示做出反应,作品以玩家反映的正确次数为基准,为玩家打分,并通过语音系统,反馈给玩家。

3. 实时报错功能

作品将在游戏中对玩家的表现进行实时监控,若玩家的反应不符合要求,作品将及时通过语音系统对玩家做出提示。

3.3.2　产品预期达到的性能指标

玩家将两个插头依次插入 220 V 交流电源后,依次按下音乐开关和振动开关,当只按下音乐开关时,可以随机播放内置音乐,起到室内音响的效果。

按下振动开关前,先佩戴好手套,按下开关,开启游戏模式,玩家通过振动模块的提示(振动时间在 200 ~ 1 000 ms 之间),随着游戏难度的变化而变化,伴随音乐,玩家做出响应,拍击位于产品顶端的按键,机器根据玩家按键的正确与否做出响应,响应时间为 2 ~ 5 ms。经常玩此游戏可以提高玩家的听觉和触觉的敏感程度,缓解玩家生活压力,提高生活品质,有助于产生幸福感等正面情绪。

3.3.3　环境使用要求

产品对使用场地要求较低,使用较方便、安全,一般室内即可使用。使用场地干燥、整洁,避免水污,交流电(220 V)插座两个,放置于桌面或地板上;对光线没有要求,白天、夜晚环境下均可使用。

3.4 解决的技术难题

3.4.1 计分

游戏模式若无计分,则不能体现游戏的竞争性,不能使玩家产生好胜心,并保持良好的游戏体验。

解决办法:本项目考虑以下两种方式。

其一,通过主机直接控制 LED 灯,使用随机函数通过不同的引脚控制 LED 灯的亮灭,显示出分数。

其二,通过数码管与主机相连,玩家按对一次按钮,数码管就进行一次计分,游戏结束时,显示玩家所得分数。

通过对以上两种方法的对比发现,方案一所需的引脚太多难以实现,而方案二较简单实用,所以本项目决定使用方案二。

3.4.2 按键的灵敏度

由于单片机的反应速度有一定的限制,为了能够实现游戏的可操作性,必须保证游戏按键的灵敏度。普通的开关根本无法实现操作。

解决办法:本项目通过测试多种不同开关,最后决定使用微动开关,通过微动极大地提高了按键的灵敏度,实现了游戏的可操作性,合理地解决了单片机反应的延时问题。

3.4.3 报错

MP3 模块已经用于播放音乐,但玩家做出错误响应的时候游戏机应及时报错,这时会与正在播放音乐的 MP3 模块产生冲突,使音乐中断,影响玩家的游戏体验,不能实现完美的娱乐感受。

解决办法:增加一个内置音箱,与主板直接相接,负责游戏的报错任务,实现在不打断完美音乐的同时,向玩家反馈操作错误信息,激发玩家的好胜心,使玩家在享受完美音乐的同时,获得最大程度的游戏体验。

3.5 物料清单

设计盲人版节奏大师所需的物料如表 3 - 1 所示。

表 3 - 1 物料清单

序号	名称	型号规格	材料性质	单位	数量	用途
1	语音模块	MP380	—	块	1	实现音乐播放功能
2	单片机	Arduino 328	—	块	1	主控
3	按键开关（大）	—	—	个	6	节奏大师游戏的按键
4	振动电动机	—	—	个	6	实现节奏大师中的振动功能
5	3 mm三合木板	—	木板	块	2	交互式机器人的身体
6	手套	—	布料	双	3	振动感知
7	充电器	—	—	个	3	用于充电
8	喇叭	—	—	个	2	报分及播放音乐
9	电阻	—	碳膜	个	10	—
10	电容	—	电解、瓷片	个	10	—
11	排针、排母	—	—	个	若干	—
12	螺丝	—	金属	个	若干	—
13	晶振	16M	金属	个	2	—

3.6 机械零件设计图

3.6.1 上端盖板

上端盖板的模拟图与设计图如表 3 - 2 所示。

表3-2　上端盖板模拟图与设计图

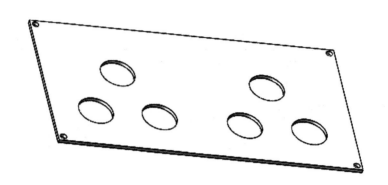

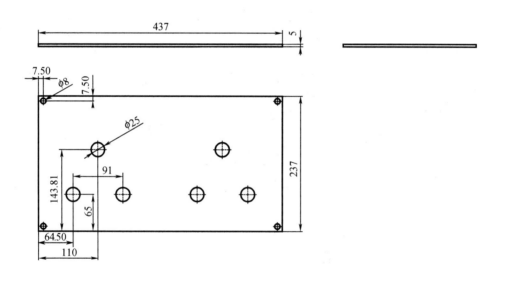

作用:盒子上端的一部分,作为盒子表面板

3.6.2　下端底板

下端底板模拟图与设计图如表3-3所示。

表 3-3　下端底板模拟图与设计图

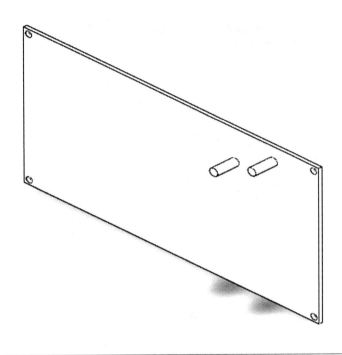

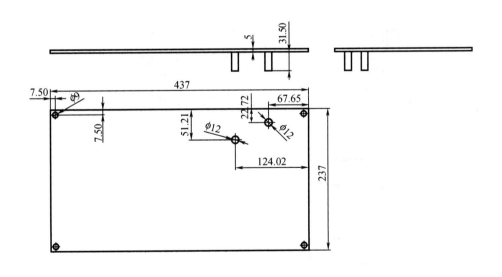

作用:盒子下端的一部分,作为盒子的底板

3.6.3 固定夹板

固定夹板的模拟图与设计图如表 3 – 4 所示。

表 3 – 4 固定夹板模拟图与设计图

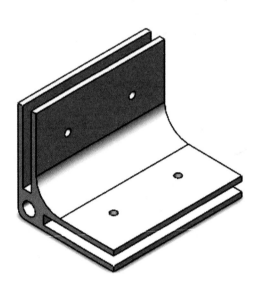

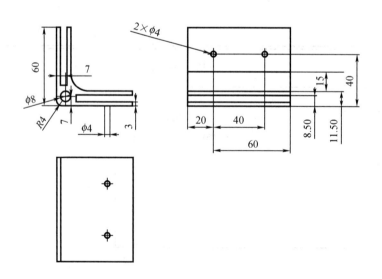

作用:箱体固定装置的一部分,用于固定箱体的侧面夹板

3.6.4　盒子前板

盒子前板模拟图与设计图如表 3 – 5 所示。

表 3 – 5　盒子前板模拟图与设计图

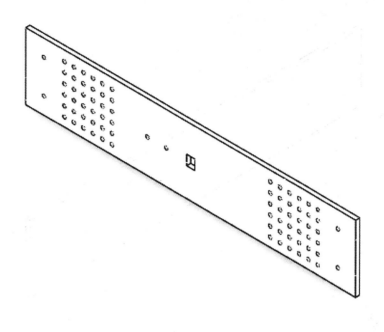

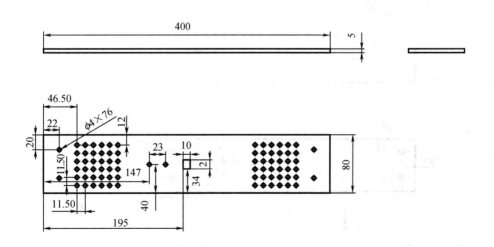

作用:作为盒子前面的一部分,用于闭合盒子,并添加配合喇叭的孔

3.6.5 盒子后板

盒子后板模拟图与设计图如表 3 - 6 所示。

表 3 - 6　盒子后板模拟图与设计图

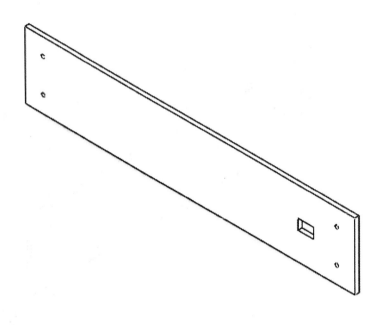

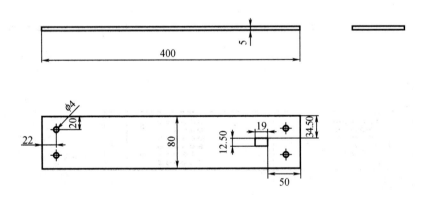

作用:作为盒子后面的一部分,用于闭合盒子

3.6.6　盒子左板

盒子左板的模拟图与设计图如表 3 - 7 所示。

表 3 - 7　盒子左板模拟图与设计图

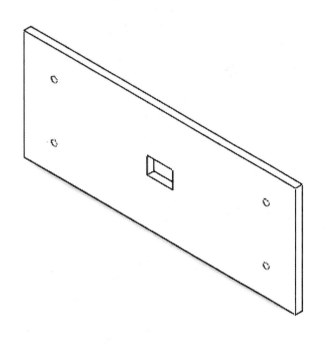

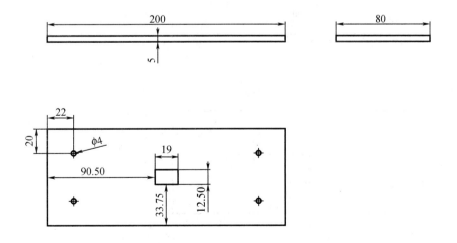

作用:作为盒子左面的一部分,用于闭合盒子

3.6.7 盒子右板

盒子右板模拟图与设计图如表3－8所示。

表3－8 盒子右板模拟图与设计图

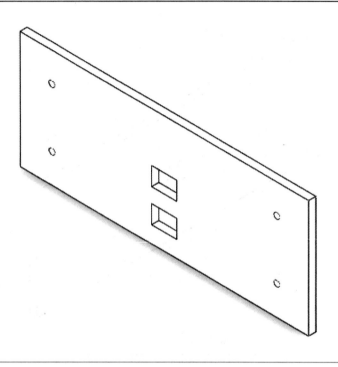

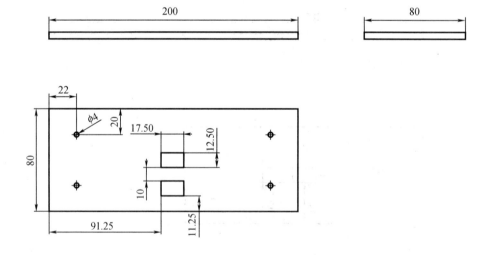

作用:作为盒子右面的一部分,用于闭合盒子

3.6.8　脚支架

脚支架模拟图与设计图如表 3 - 9 所示。

表 3 - 9　脚支架模拟图与设计图

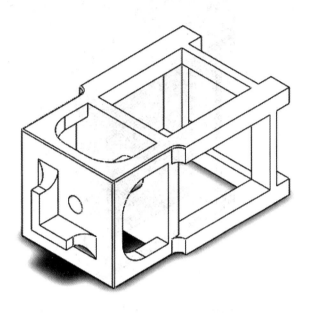

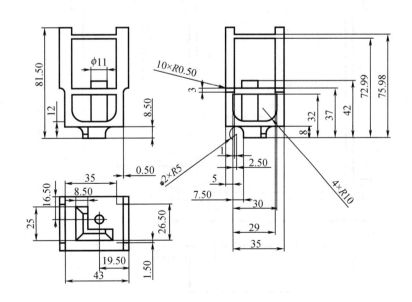

作用:用于支撑盒子

3.6.9 电路板盒子

电路板盒子模拟图与设计图如表 3 – 10 所示。

表 3 – 10　电路板盒子模拟图与设计图

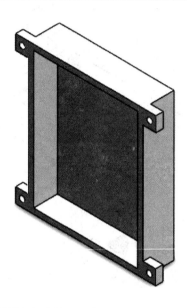

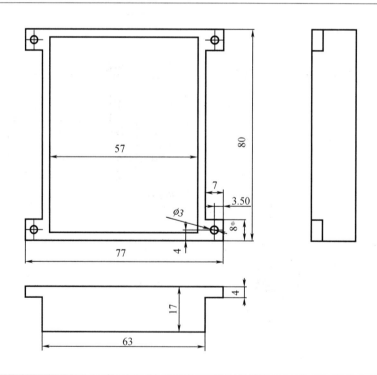

作用:用于固定电路板

3.6.10 电路板板盖

电路板板盖模拟图与设计图如表 3 –11 所示。

表 3 –11 电路板板盖模拟图与设计图

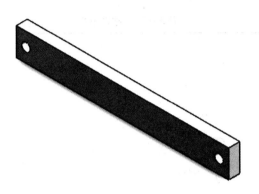

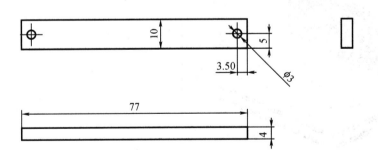

作用:用于挡住电路板,使其固定在电路板盒子中

3.7 产品组装说明

3.7.1 零件清单

设计节奏大师所需的零件清单如表 3 – 12 所示。

表 3 – 12 零件清单

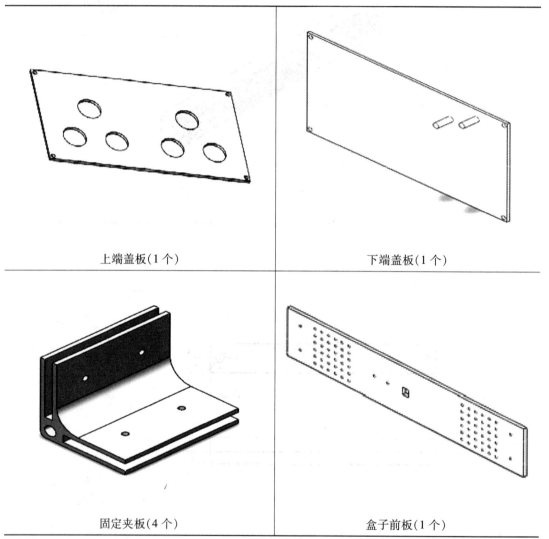

上端盖板(1 个)	下端盖板(1 个)
固定夹板(4 个)	盒子前板(1 个)

表 3 – 12(续 1)

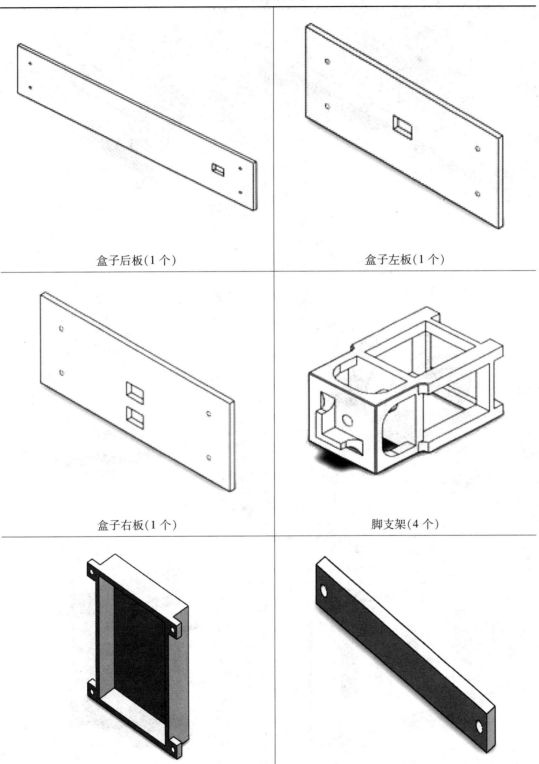

盒子后板(1 个)	盒子左板(1 个)
盒子右板(1 个)	脚支架(4 个)
电路板盒子(1 个)	电路板板盖(2 个)

表 3 – 12(续 2)

长螺钉和螺母(4 个)

短螺钉和螺母(32 个)

按钮(6 个)

开关(2 个)

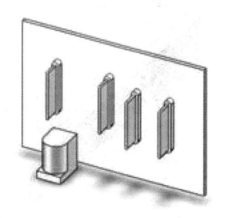

插座电路板(1 个)

主控电路板(1 个)

表 3 – 12（续 3）

MP3 电路板（2 个）

3.7.2　装配步骤图

Step 1. 按照图 3 – 1 所示位置安装按钮，旋紧。

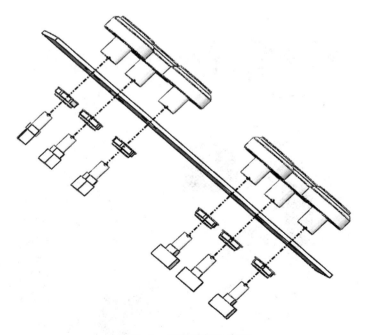

图 3 – 1　安装按钮示意图

Step 2. 按照图 3-2 所示用螺钉螺母固定盒子后板。

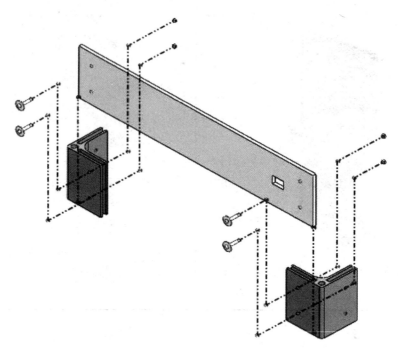

图 3-2　组装盒子后板示意图

Step 3. 按照图 3-3 所示用螺钉螺母固定两侧侧板。

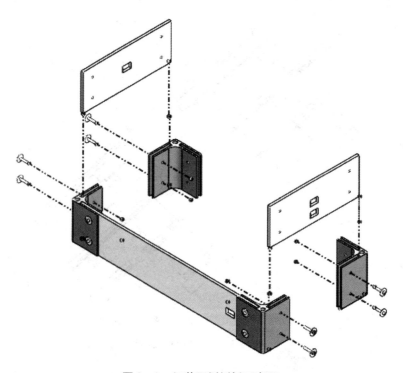

图 3-3　组装两侧侧板示意图

Step 4. 按照图 3 - 4 所示用螺钉螺母固定盒子前板。

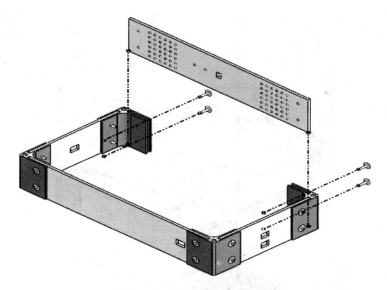

图 3 - 4　组装盒子前板示意图

Step 5. 按照图 3 - 5 所示放置并固定电路板。

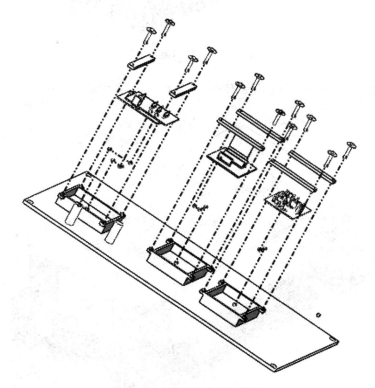

图 3 - 5　安装电路板示意图

Step 6. 按照图 3 - 6 所示组装各部分。

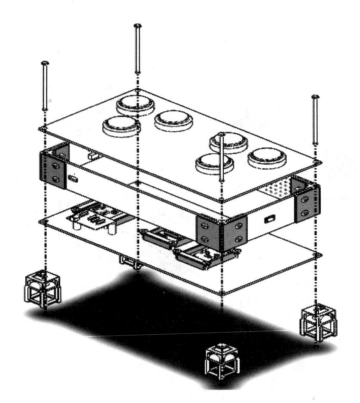

图 3 - 6　整体组装示意图

Step 7. 最后连接线路,完成组装,如图 3 - 7 和图 3 - 8 所示。

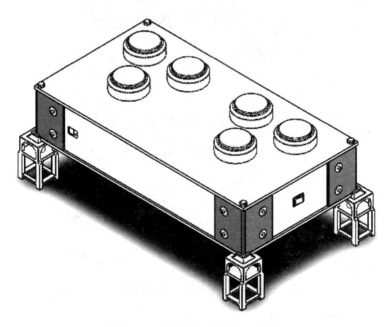

图 3 - 7　完整节奏大师 3D 模拟图

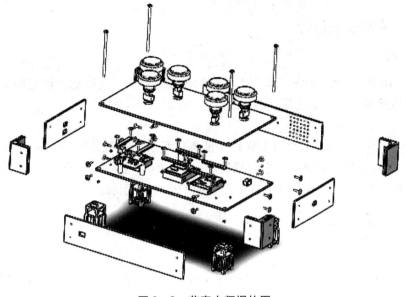

图3-8 节奏大师爆炸图

3.8 电路设计与接线

3.8.1 电路硬件系统框图

如图3-9所示,单片机系统和MP3背景音乐模块是相互独立的。音响1连接单片机用作错误提示;音响2用作播放背景音乐。当插入电源后,MP380模块开始工作,音响2自动播放已经存储好的歌曲;单片机开始游戏。在游戏过程中,如果按错按键或者错过按键时间,音响1就会播放一段提示错误的语音。

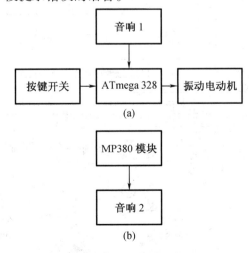

图3-9 电路硬件系统框图

(a)单片机系统框图;(b)音乐模块框图

3.8.2 电路模块设计

1. 电源模块

如图 3 - 10 所示,系统利用 LM7805 模块稳压和电容滤波之后输出稳定的 5 V 电压,使得单片机和传感器可以正常工作。

2. 振动电机驱动模块

如图 3 - 11 所示,由于单片机 I/O 口不能提供足够的电流给振动电机和 LED 灯使用,所以用三极管 8050 放大电流。一个电机使用一个 8050 三极管来驱动。控制端连单片机 I/O 口。共有 6 个电机,依次连接 Arduino UNO 的 D2 到 D7 引脚。

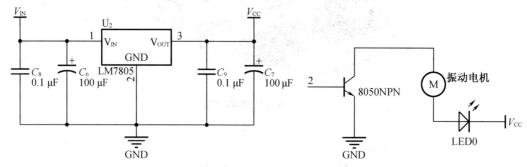

图 3 - 10　5 V 供电电路图　　　　　图 3 - 11　电机驱动电路图

3. 单片机总电路图

单片机总电路图如图 3 - 12 所示。

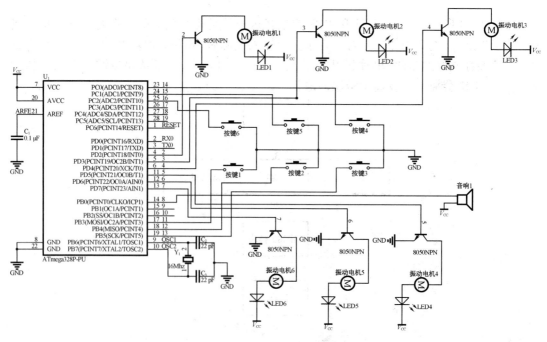

图 3 - 12　单片机总电路图

4. 背景音乐模块

本作品采用 MP380 语音模块来播放背景音乐。该模块利用串口和并口模式,可以通过命令随机播放根目录内的歌曲,播放指定目录内的指定音乐,直接设定音量值,挂起恢复和停止当前播放。最低开发成本投入,仅需电脑和读写卡器,录入歌曲更加便捷,可以自由选择喜欢的歌曲。利用 BA 系列放音模块的播放挂起功能,在播放高品质背景音乐的同时,用户可以暂停背景音乐的播放,插播任意多个语音提示后,发送命令控制恢复歌曲播放,不仅节省成本,而且能简化工艺,提高工作效率。本作品为了简化,MP380 只播放背景音乐,没有加入单片机控制,作为独立的单元。背景音乐模块电路如图 3 - 13 所示。

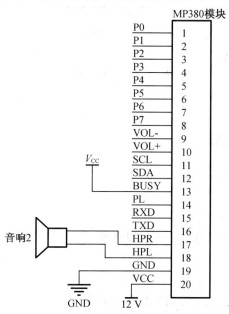

图 3 - 13　背景音乐模块电路图

3.8.3　接线总表

接线总表如表 3 - 13 所示。

表 3 - 13　接线总表

序号	模块引脚名称	Arduino 对应引脚	备注
1	振动电机 1 引脚	D2	控制振动电机 1
2	振动电机 2 引脚	D3	控制振动电机 2
3	振动电机 3 引脚	D4	控制振动电机 3
4	振动电机 4 引脚	D5	控制振动电机 4
5	振动电机 5 引脚	D6	控制振动电机 5
6	振动电机 6 引脚	D7	控制振动电机 6
7	按键 1 引脚	D11	读取按键 1
8	按键 2 引脚	D12	读取按键 2

表 3 − 13（续）

序号	模块引脚名称	Arduino 对应引脚	备注
1	按键 3 引脚	D13	读取按键 3
11	按键 4 引脚	A0	读取按键 4
12	按键 5 引脚	A1	读取按键 5
13	按键 6 引脚	A2	读取按键 6
14	喇叭负极引脚	D8	控制喇叭
15	喇叭正极引脚	VCC	接喇叭

3.9　软　件　设　计

3.9.1　程序设计思想

程序设计主要包括以下两部分。

1. 主机部分

（1）主机程序控制振动模块

即振动电动机、报错模块（独立音响）和微动开关，三者皆受主机的控制且相互之间不产生影响。

（2）振动模块

接通电源，随机地产生振动，受到主程序的控制。

（3）报错模块

低电平的时候报错，高电平的时候默认工作正常，受主机控制。

（4）微动开关模块

受主机控制。

2. MP3 模块

独立于主机部分，接通电源后通过随机函数随机地选择播放内置音乐，切断电源后停止。

3.9.2　程序流程图

1. 主机模块

主机模块如图 3 − 14 所示。

2. MP3 模块

MP3 模块如图 3 − 15 所示。

3. 振动模块

振动模块如图 3 − 16 所示。

4. 计分模块

计分模块如图 3 − 17 所示。

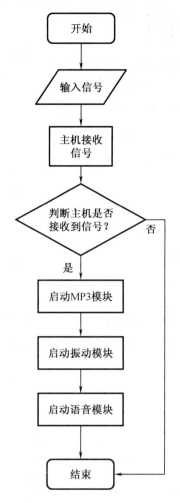

图 3 - 14 主机模块示意图

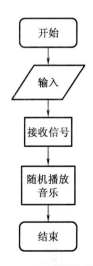

图 3 - 15 MP3 模块示意图

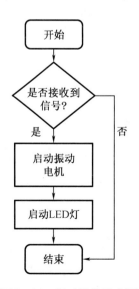

图 3 - 16 振动模块示意图

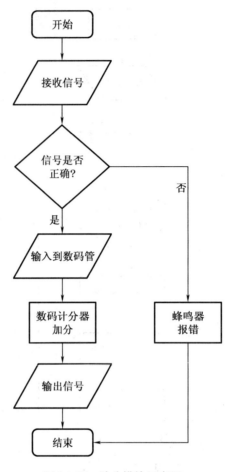

图 3 – 17 计分模块示意图

第 4 章

智 能 水 杯

4.1　设 计 理 念

本着科技发展的目的是为人们服务,本产品的设计理念来源于不被当前社会所重视,日常生活有诸多困难的弱势群体——盲人。

世界卫生组织设在日内瓦的防盲和防聋规划主任 Thylefore 博士指出:中国是全世界盲人最多的国家,约有 500 万盲人,占全世界的 18%,每年在中国约有 45 万人失明,如果目前的趋势继续保持不变,到 2020 年预期中国盲人将增加 4 倍。因此在倡导人们保护眼睛,爱惜自己眼睛的同时,本项目应该为盲人建立更多的助盲设施,提供更多的助盲服务,从而让盲人生活更方便。针对盲人日常喝水困难的问题,本项目设计了一个方便盲人使用的智能水杯。

本产品的主要功能为:在盲人倒水时实时监测水位,在水达一定量时语音提醒,从而防止水溢出。除此之外,该水杯还能通过按键实现实时报温、报时和报水量。该智能水杯配有加热/制冷底座,将水杯放到底座上既能充电又能通过按钮调节想要的水温,当水温达到指定温度时,会有语音提醒。为了使产品持久耐用,水杯还加上了夜晚自动休眠功能,能在最大程度上节省电量,延长使用时间。

通过将各项功能完美整合到智能水杯上,让使用这款水杯喝水成为一种贴心、便利的科技享受,使盲人感受到科技进步为生活带来的便捷与舒适。

4.2　项 目 创 新 点

本项目的创新之处在于智能水杯在满足盲人日常喝水的基础上添加了各种实用功能。

4.2.1　组合创新

在功能组合创新上,把超声波传感器测距功能、温度传感器测温功能和水杯盛水功能组合在一起,使本来只具有盛水功能的水杯变成能探测水位和水温的多功能科技产品。在结构组合创新上,本项目把时钟和智能水杯组合在一起,使其具有盛水的功能又具有报时的功能,使盲人在喝水的同时还能迅速查询时间。

4.2.2 功能创新

盲人日常喝水的最大问题在于不知道水何时装满,甚至有时会不小心因水溢出而烫伤。因此,本项目为水杯加入了防溢出功能,在水快装满的时候会自动语音提醒,帮助盲人轻松安全地装水。

加热冷却功能及冷却加温算法的引入使得本智能水杯更加智能也更加人性化。盲人既知道水温变化到指定温度的时间,同时也避免错过合适水温的时间,让日常的饮水变得更加方便舒适。

4.3 功能与预期的效果

4.3.1 功能设计说明

1. 语音播报功能

①它能够通过语音快速准确地播报水已经满,大大方便了盲人接水时不知道水量的问题,也防止了水满溢出烫手的问题。

②通过按钮播报实时的水温和水量功能。盲人只需要长按按钮,就可以很方便地知道当前水的温度和水量,能有效地防止盲人用第二物体探测,造成二次污染水源的问题。

③智能播报水温已到达设定温度功能。当水温到达盲人设定温度时,它会智能通过语音提醒水已到达你设定的温度,能有效地解决盲人喝水的难题。

④智能整点报时,以及通过长按按钮实时播报当前的日期、星期、时间功能。盲人可以很方便地知道当前的时间,它还具有晚上防打扰功能,盲人可以高效地掌握时间。

2. 智能控温功能

它能够智能播报水到达设定温度大概需要几分钟功能。盲人可以根据自身对水温的要求,设定好温度后,只需要将水杯放到制冷加热底座上,在这段时间内,盲人可以做其他事情,到达设定温度时,智能水杯会自动提醒主人,极大地方便了盲人的生活。

3. 智能休眠

智能水杯能在低电量时智能进入休眠状态,并智能提醒盲人及时充电,也能在盲人长时间不用水杯时自动进入睡眠状态,有效地节省了电量的消耗。当盲人需要用水杯时,只需要按一下按钮,智能水杯就能马上成为盲人的有力助手。

4.3.2 预期的性能指标

①在倒水速度较快时也能快速播报水满提示。

②水冷却时间的计算误差少于 5 min。

③水加热时间的计算误差少于 10 min。

④在水杯进入休眠后按键能立刻唤醒。

⑤电池满电的智能水杯能持续使用 2 天。

4.3.3 环境使用要求

本产品主要面向盲人使用,一般的家居环境下可以正常使用,无须用于特定场合。但因为本产品未设计全身防水,使用时应注意不能让产品浸入水中。本产品使用 220 V 交流电转 12 V 直流电供电,因此只需提供一个 220 V 插座就能满足要求。

4.4 解决的关键技术问题

本项目解决的关键技术问题就是中断响应滞后。

按下按键(即设定温度增加/减少键)指定温度时语音无法正常读出,而且程序的运行十分不流畅。项目组排除了由于中断没有触发,或者按键延时消抖不够而导致的中断不断触发。经过排查发现是因为语音播报函数放在中断内,导致中断执行函数过于冗长,加之指定温度按键通常会按下多次,中断多次触发,程序反应不及时而出现卡死的情况。之后项目组把语音播报程序放在中断外,精简执行函数,解决了这个难题。

4.5 物 料 清 单

智能水杯的物料清单如表 4-1 所示。

表 4-1 物料清单

序号	名称	型号规格	材料性质	单位	数量	备注
1	温度传感器	Ds18b20	—	个	2	测温
2	语音播报模块	OTP	集成电路	块	1	语音提醒
3	喇叭	—	—	个	1	播放语音
4	最小系统芯片	Mega328	—	块	1	控制板
5	电阻	10kΩ	—	个	2	电路需要

表 4 - 1(续)

序号	名称	型号规格	材料性质	单位	数量	备注
6	温度计	—	—	个	1	测温
7	LM7805	—	—	个	2	稳压
8	电解电容	47 μF	—	个	2	滤波
9	电解电容	100 μF	—	个	2	滤波
10	电容	0.1 μF	—	个	6	滤波
11	电容	22 μF	—	个	2	滤波
12	晶振	16 MHz	—	个	1	电路需要
13	四角按键开关	—	—	个	2	按键
14	超声波传感器	HC - SRO4	—	个	1	测水位
15	稳压芯片	LM7805	—	块	1	单片机供电
16	稳压芯片	LM7808	—	块	1	锂电池供电
17	不锈钢杯胆	—	—	个	1	装水
18	加热制冷半导体驱动	BTS7960	—	个	1	加热制冷转换
19	时钟芯片	1302	—	块	1	报时
20	锂电池	锂离子充电 800 mAh	—	个	1	供电
21	纽扣电池	一次性 300 mAh	—	个	1	时钟供电
22	3D 打印材料	—	PAL	g	500	用于制作杯身杯壳
23	加热制冷半导体	TEC1 - 12706	半导体	片	1	制冷片
24	排针	—	—	排	2	接线
25	导线	—	—	条	30	电路需要

4.6 机械零件设计图

机械零件设计图如表 4 - 2 至表 4 - 8 所示。

表 4 – 2　底座壳体模拟图与设计图

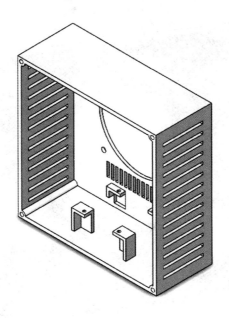

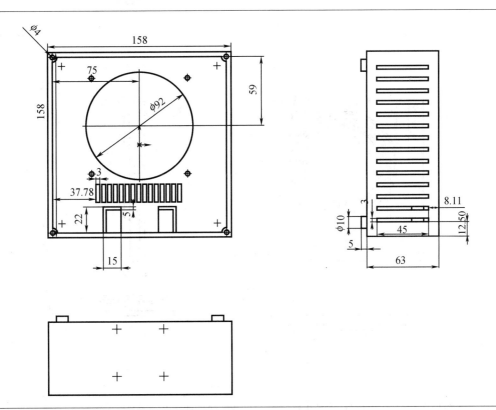

作用:加热制冷底座的主要部分,用于组装加热制冷片的散热器和驱动芯片及其他器件

表 4 – 3　底座盖模拟图与设计图

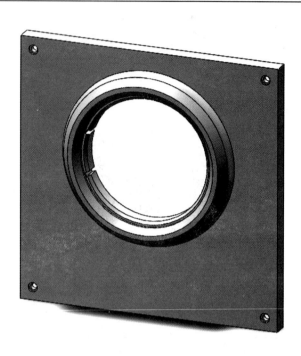

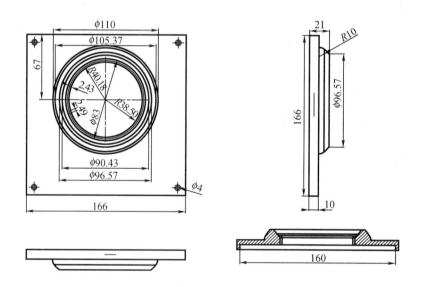

作用:与底座相连,用于固定杯身、为杯电池充电和控制底座上加热制冷片的工作

表 4 – 4　杯身模拟图和设计图

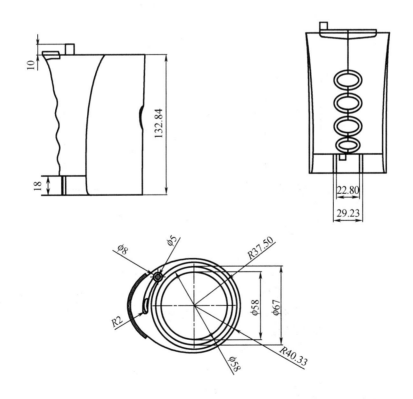

作用:智能杯的主要部分,用于报时,与底座及杯胆配合使用

表4-5 杯胆模拟图和设计图

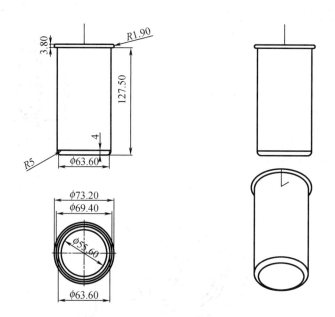

作用:用于盛水的主要容器,与杯身配合使用

表 4 – 6　杯盖模拟图与设计图

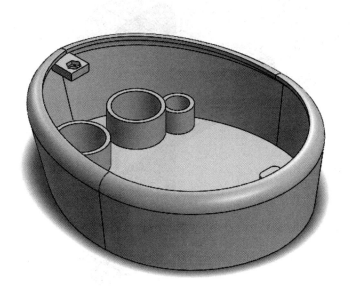

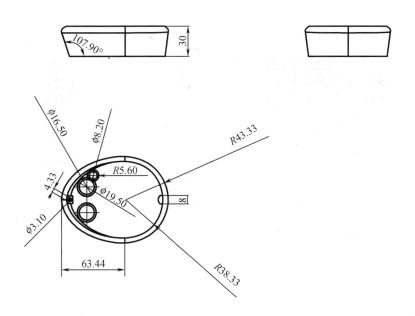

作用:主要用于盖住杯子及安装各种元器件、电路板及传感器,与杯身配合

表 4 – 7　按钮座模拟图与设计图

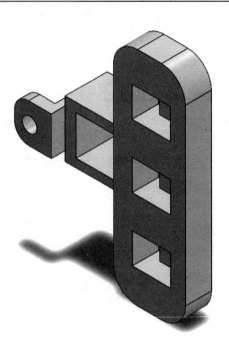

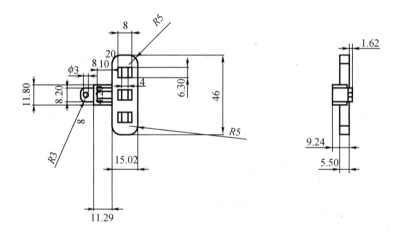

作用:主要用于固定按钮,与杯盖配合

表 4-8　杯盖盖子零件图

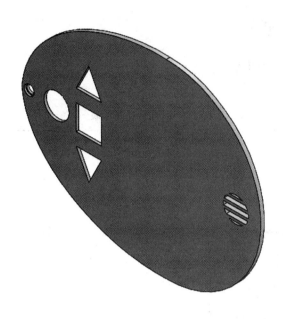

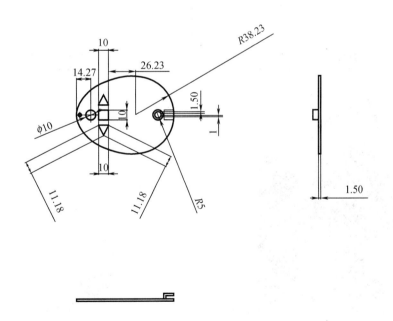

作用:用于盖住杯盖,与杯盖配合使用

4.7 产品组装说明

4.7.1 零件清单

组装智能水杯所用零件清单如表4-9所示。

表4-9 零件清单表

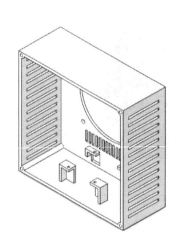

底座(1个)

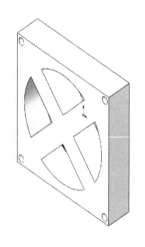

散热风扇(1个)

BTS7960散热器驱动板(1块)

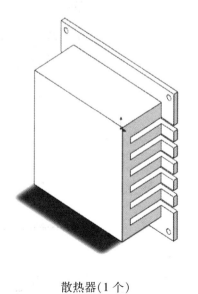

散热器(1个)

表 4 - 9（续 1）

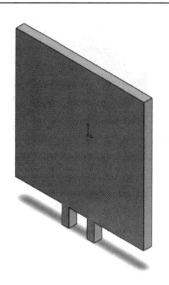

加热制冷片（1 片）

杯身（1 个）

杯胆（1 个）

杯盖（1 个）

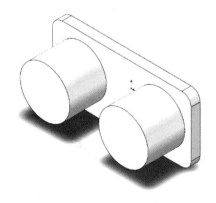

超声波传感器（1 个）

按钮座（1 个）

表 4 - 9(续 2)

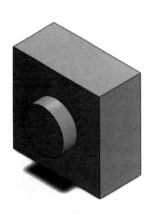 小按钮开关(3 个)	 大按钮开关(1 个)
 三角按键(2 个)	 正方形按键(1 个)
 圆形按键(1 个)	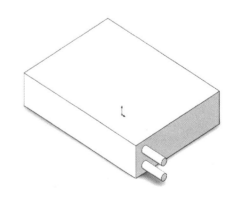 600 mA 电池(1 个)

表 **4 - 9**(续3)

Arduino 板(1 块)

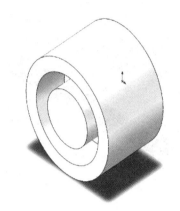

扬声器(1 个)

杯盖顶盖(1 个)

十字沉头木螺钉 M3 × 20(4 个)

I 型六角螺母 M2(5 个)

十字沉头机械螺钉 M2 × 10(5 个)

表 4 −9(续 4)

| 十字沉头机械螺钉 M3×30(4 个) | Ⅰ型六角螺母 M3(4 个) |

4.7.2　安装流程

1.底座的装配

Step 1. 先把散热风扇放到底座外壳上,然后放上散热器,用 4 颗螺钉固定在底座上,如图 4 −1 所示。

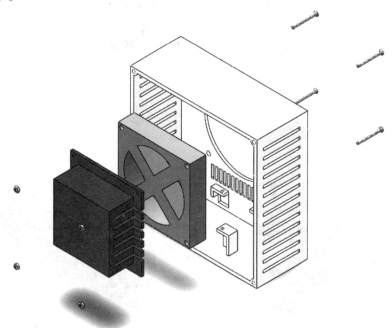

图 4 −1　安装散热风扇示意图

Step 2. 用 4 颗螺钉把加热制冷驱动板固定在底座上,如图 4 - 2 所示。

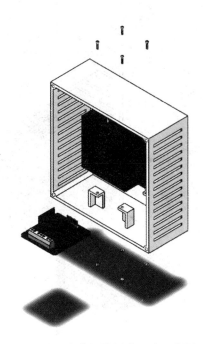

图 4 - 2　安装加热制冷驱动示意图

Step 3. 把加热制冷片用导热硅胶粘在散热器中央,如图 4 - 3 所示。

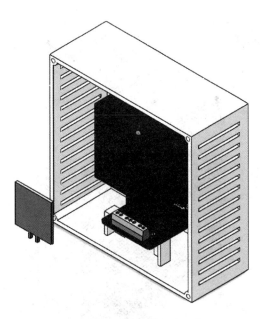

图 4 - 3　安装加热制冷片示意图

Step 4. 把底座盖用 4 颗螺钉固定在底座上,如图 4 - 4 所示。

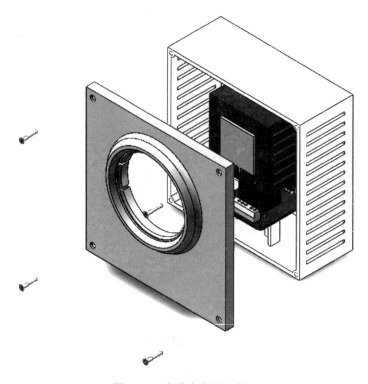

图 4 - 4　安装底座盖示意图

Step 5. 底座安装完成,如图 4 - 5 所示。

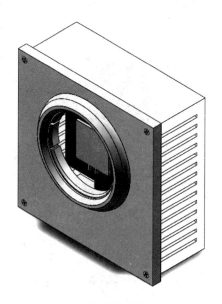

图 4 - 5　底座盖安装完成图

2.杯身的装配

Step 1. 杯胆安装进杯身,如图 4 - 6 所示。

图 4 - 6　安装杯胆示意图

Step 2. 杯身安装完成,如图 4 - 7 所示。

图 4 - 7　杯身安装完成图

3.杯盖的装配

Step 1. 先把超声波传感器安装在杯盖上,然后把电池安装在杯盖上,如图 4 - 8 所示。

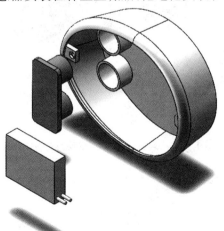

图 4 - 8　安装超声波传感器和电池示意图

Step 2. 先把 Arduino 板安装在电池上面,然后把扬声器安装在 Arduino 板旁边,如图 4 – 9所示。

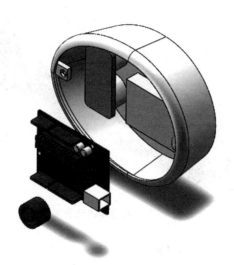

图 4 – 9　安装 Arduino 板和扬声器示意图

Step 3. 先把按钮座安装在杯盖上,然后把四个按钮开关安装在按钮座上,如图 4 – 10 所示。

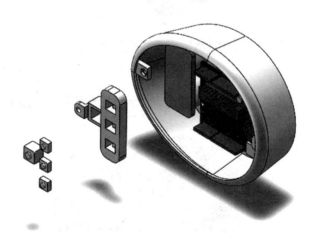

图 4 – 10　安装按钮座和按钮开关示意图

Step 4. 把按键安装在按钮座上面,然后安装顶盖,最后用螺钉把顶盖与杯盖固定好,如图 4 – 11 所示。

图 4 – 11　安装顶盖示意图

Step 5. 杯盖完成安装,如图 4 – 12 所示。

图 4 – 12　杯盖安装完成图

4. 智能水杯组装完成图、爆炸图及实物图

智能水杯组装完成图如图 4-13 所示。

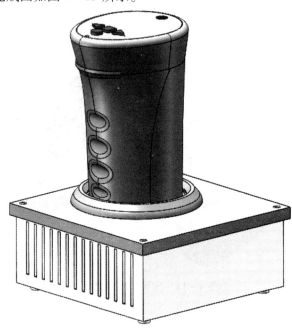

图 4-13　智能水杯组装完成图

智能水杯组装爆炸图如图 4-14 所示。

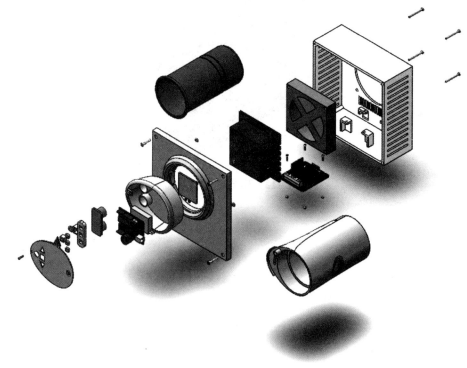

图 4-14　智能水杯组装爆炸图

智能水杯组装实物图如图 4 – 15 所示。

图 4 – 15　智能水杯组装实物图

4.8　电路设计与接线

4.8.1　电路硬件系统框图

助盲智能水杯系统框图如图 4 – 16 所示。

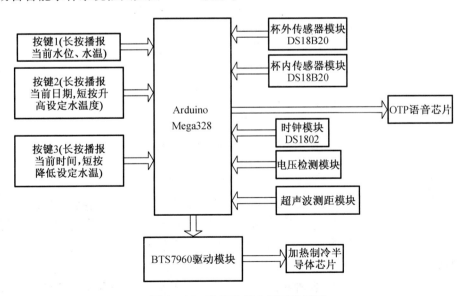

图 4 – 16　助盲智能水杯系统框图

单片机读取超声波测距传感器、测温传感器及时钟芯片的信息,在检测到按钮按下后单片机输出 PWM 信号使 otp 语音芯片发出相应的声音。而指定温度上调和下调按键分别对应着两个外部中断,能及时快速地响应,当设定完温度后,Mega328 比较当前水温与指定温度后输出相应的指令,控制调温模块,加速到达指定温度。

4.8.2 电路模块设计

1. 电源模块

本项目的电路板和电池集成于水杯的杯盖中,这就要求电路板和电池的体积与面积不宜过大,故电池采用 7.4 V 的锂电子电池,加之每个传感器的额定电压在 5 V 左右,所以本电源模块是由锂电池经过 LM7805 模块稳压及电容的滤波后输出 5 V 供电电压,使得传感器及单片机得以正常工作。电路原理如图 4 – 17 和图 4 – 18 所示。

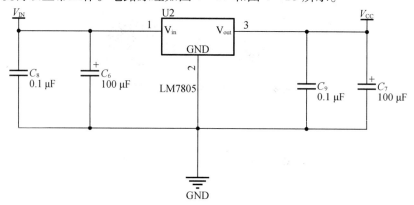

图 4 – 17　电源模块供电电路图

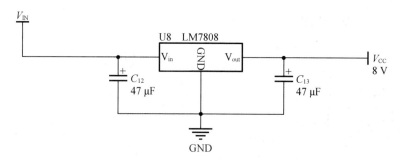

图 4 – 18　电源模块充电电路图

2. 超声波液位测距模块

语音播报杯内水的液位及溢出提醒是本项目的重要功能之一。鉴于红外线会直接穿过清水且受外界温度影响较大,无法准确测出水位。而超声波具有频率高、波长短、绕射现象不明显,特别是方向性好、能够成为射线而定向传播等特点。同时超声波具有工作可靠、安装方便、防水、发射夹角较小、灵敏度高及方便与工业显示仪表连接等优点,因此它广泛应用在液位、监测、机器人防撞、各种超声波接近开关以及防盗报警等相关领域。故本项目采用的是 HC – SR04 超声波测距模块。该模块可提供 2 ~ 400 cm 的非接触式距离感测功能,测距精度最高可达 3 mm,同时该模块包括超声波发射器、接收器与控制电路。

工作时采用 I/O 口 Trig 触发测距,Mega328 的 I/O 口输出最少 10 μs 的高电平信号。紧接着模块自动发送 8 个 40 kHz 的方波,自动检测是否有信号返回,有信号返回,通过 I/O 口 Echo 输出一个高电平,高电平持续的时间就是超声波从发射到返回的时间。最后,测试距离 = [高电平时间 × 声速(340 m/s)]/2,其原理如图 4-19 所示。

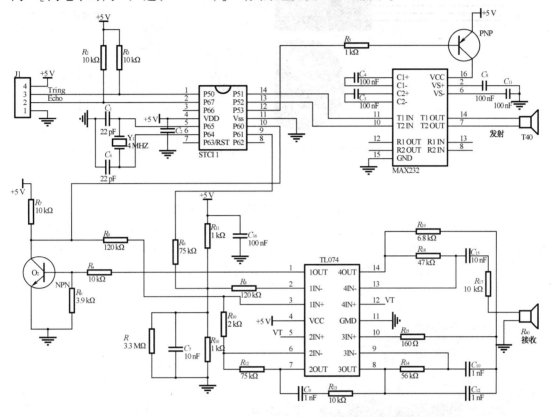

图 4-19　超声波测距模块电路图

3. 测温模块

DS18B20 的电路很简单,由一片 DS18B20 和一只 10 kΩ 的上拉电阻构成。其内部结构主要由四部分组成:64 位 ROM、温度传感器、非挥发的温度报警触发器 TH 和 TL 及配置寄存器。ROM 中的 64 位序列号是出厂前被光刻好的,它可以被看作该 DS18B20 的地址序列码,每个 DS18B20 的 64 位序列号均不相同。ROM 的作用是使每一个 DS18B20 都各不相同,这样就可以实现一根总线上挂接多个 DS18B20 的目的,即数据的输入、输出及同步均由同一根线完成。其温度测量范围为 -55 ~ 125 ℃。

其与单片机的通信过程:主机首先发出一个 480 ~ 960 μs 的低电平脉冲,然后释放总线变为高电平,并在随后的 480 μs 时间内对总线进行检测,如果有低电平出现说明总线上有器件已做出应答。若无低电平出现一直都是高电平说明总线上无器件应答。

作为从器件的 DS18B20 一上电后就一直在检测总线上是否有 480 ~ 960 μs 的低电平出现,如果有在总线转为高电平后等待 15 ~ 60 μs 再将总线电平拉低 60 ~ 240 μs,告诉主机本器件已做好准备。若没有检测到就一直在检测等待,如图 4-20 和图 4-21 所示。

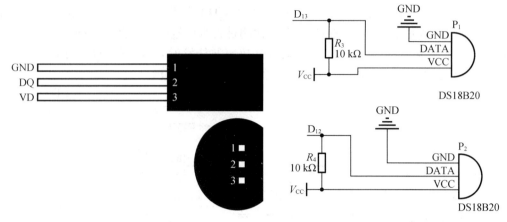

图 4 – 20　DS18B20 温度传感器引脚图　　　图 4 – 21　DS18B20 测温模块电路图

4. 时钟模块

时钟芯片选择一种高性能、低功耗、带 RAM 的实时时钟电路,它可以对年、月、日、周期、时、分、秒进行计时,具有闰年补偿功能,工作电压为 2.5 ~ 5.5 V。采用三线接口与 CPU 进行同步通信,并可采用突发方式一次传送多个字节的时钟信号或 RAM 数据。DS1302 内部有一个 31 × 8 bit 的用于临时性存放数据的 RAM 寄存器。时钟模块实物图如图 4 – 22 所示,时钟模块电路图如图 4 – 23 所示。

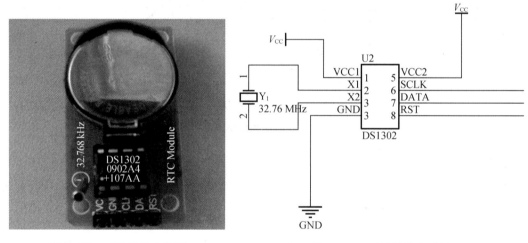

图 4 – 22　时钟模块实物图　　　　　图 4 – 23　时钟模块电路图

5. 语音模块

鉴于本项目完成后语音内容无需太大的更改,故采用 OTP 语音芯片(One Time Programable),也称一次性语音芯片,是指一次性可编程语音芯片,语音只能烧写一次。此语音芯片内置电阻,无需外围元件,外围电路仅需两个 0.1 μF 电容和一个扬声器。

各引脚的功能如下:

BUSY:芯片工作时(播放声音)输出低电平,停止工作或者待机时保持高电平。

DATA:接收单片机发来的脉冲信号,根据脉冲信号来选择播放第几个地址的内容。

REST:任何时候,收到一个脉冲时,可以使芯片的播放指针归零,同时芯片停止,进入待机状态。

控制原理:采用模拟串行的控制方式。

其控制过程为:单片机 I/O 口先输出一个复位脉冲到 REST 引脚,紧接着单片机输出 N 个大于 50 μs 的脉冲到 DATA 脚,芯片播放第 N 个地址的语音内容,同时 BUSY 引脚电平拉低。语音播报模块电路图如图 4 - 24 所示,其录音内容见表 4 - 10。

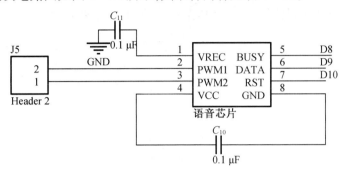

图 4 - 24　语音播报模块电路图

表 4 - 10　语音芯片所录音的内容

地址	内容	地址	内容
1	1	20	当前您指定的温度为
2	2	21	电量不足请充电
3	3	22	水已满,请注意
4	4	23	已到达指定温度
5	5	24	设定温度无法到达,请重新设定
6	6	25	当前水温已适合饮用
7	7	26	星期一
8	8	27	星期二
9	9	28	星期三
10	十	29	星期四
11	百	30	星期五
12	零	31	星期六
13	当前水温为	32	星期天
14	摄氏度	33	年
15	当前水量为	34	月
16	毫升	35	日
17	到达指定温度需要	36	时
18	分钟	37	分
19	当期时间为	38	当前的日期为

6.控温模块

(1)半导体加热制冷芯片

半导体加热制冷芯片是根据热电效应技术的特点,采用特殊半导体材料热电堆来制冷,能够将电能直接转换为热能。其工作原理为:接通直流电源后,电子由负极(-)出发,首先经过 P 型半导体,在此吸收热量,到了 N 型半导体,又将热量放出,每经过一个 NP 模组,就有热量由一边被送到另外一边,造成温差,从而形成冷热端,如图 4-25 所示。

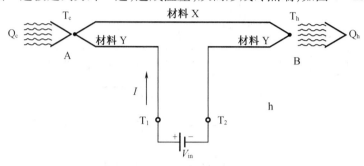

图 4-25 加热制冷芯片工作示意图

本项目采用的制冷芯片是 TEC1-12706,额定电压为 12 V,额定电流为 6 A,最大温差可达 60 ℃,外形尺寸为 4 cm×4 cm×0.4 cm,重约 25 g。其外观如图 4-26 所示。

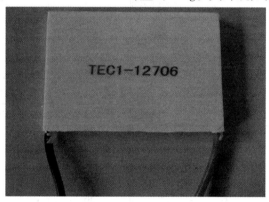

图 4-26 加热制冷芯片实物图

(2)BTS7960 制冷驱动

上述加热制冷芯片的额定电流高达 6 A,显然最大电流只有 2 A 的 L298N 无法满足,故本项目采用的是输出电流可达 43 A 的 BTS7960 驱动芯片,每个芯片都能形成 H 桥电路。在 BTS7960 内部集成的驱动 IC 使得单片机控制变得十分简单,并且具有逻辑电平输入、电流检测诊断、斜率校正、死区时间产生和过温、过压、欠压、过流及短路保护的功能。两块 BTS7960 能够进行连接构成 H 全桥。BTS7960 通态电阻的典型值为 16 mΩ。

加热制冷芯片驱动模块实物图如图 4-27 所示,其电路如图 4-28 所示。

图4-27　加热制冷芯片驱动模块

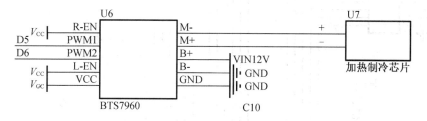

图4-28　控温模块电路图

7. 测压模块

锂电池测压模块的加入是为了让使用者能及时发现锂电池电量不足,能尽快充电以避免过放而造成的锂电池的毁灭性损坏。本项目所用的锂电池电压为7.4 V,而单片机能承受的引脚电压为5 V,故必须经过分压才能检测,鉴于引脚的最大承受电流为40 mA故用两个1 kΩ电阻分压后的电压,用模拟引脚读出其中一个电阻的模拟值。

计算公式为:总电压 = A0 检测值 $\times 5 \times 2/1023$,其电路原理图如图4-29所示。

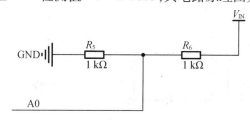

图4-29　电压测量电路图

8. 总电路图

总电路图如图4-30所示。

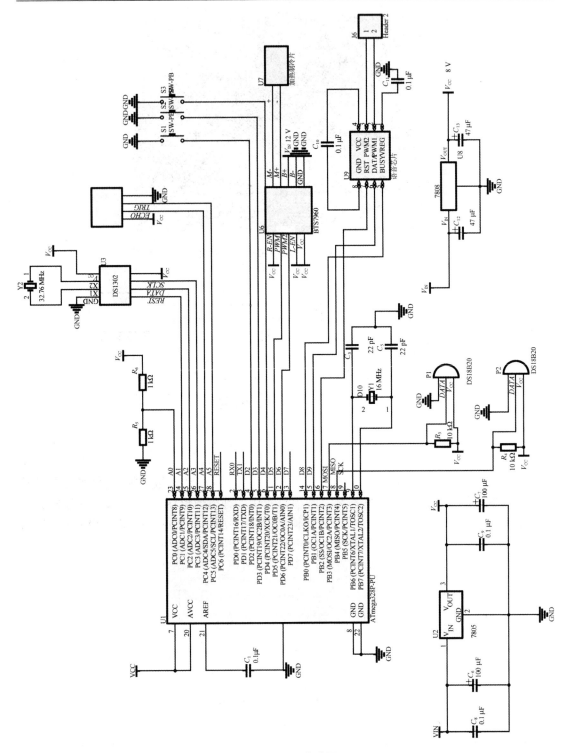

图 4 - 30　总电路图

4.8.3　接线总表

各模块与单片机接线如表 4 - 11 所示。

表 4 - 11　各模块与单片机接线

序号	模块引脚名称	Arduino 对应引脚
1	时钟芯片 1302SCLK 引脚	A3
2	时钟芯片 1302data 引脚	A2
3	时钟芯片 1302rest 引脚	A1
4	超声波测距 ECHO 引脚	A4
5	超声波测距 Trig 引脚	A5
6	语音模块 busy 引脚	D8
7	语音模块 data 引脚	D9
8	语音模块 rest 引脚	D10
9	杯内测温 DS18B20data 引脚	D13
10	杯外测温 DS18B20data 引脚	D12
11	按键 1 指定温度增加键	D2
12	按键 2 指定温度减少键	D3
13	测压引脚	A0
14	BTS7960 驱动 L - PWM	D4
15	BTS7960 驱动 R - PWM	D5

4.9　软 件 设 计

4.9.1　程序设计思想

结合水杯使用流程,程序大致可分为主循环、中断两个部分。

1. 主循环

程序启动后,依次启动超声波传感器(实时监测水位)、杯内温度传感器(实时监测水温)、杯外温度传感器(实时监测室温)及时钟芯片(获得当前时间)。

依次执行七个判断,分别是:

①监测电量是否不足。如不足,语音提示并强制水杯休眠。

②监测按钮 1 是否按下。如按下则语音播报当前水量、当前水温;没按下则执行下一个判断。

③检测是否有设定温度(即两个中断按钮是否曾按下)。如有设定温度,则语音播报当前设定温度和加热/冷却所需时间;如没有设定温度,则执行下一个判断。

④监测水位是否超过警戒水位。如超过,则语音播报警告,用于防止盲人倒水时倒满溢出;如没有超过,则执行下一个判断。

⑤监测是否长按了按钮2或按钮3。如长按了按钮2,语音播报年、月、日及星期;如长按了按钮3,语音播报当前时间,否则执行下一个判断。

⑥检测当前水温是否达到设定温度。如达到,语音播报水温以达到设定温度;如没达到,返回执行第一个判断。

⑦检测当前时间是否为整点。如整点,执行整点报时,重新执行第一个判断。

2. 中断

中断1:检测是否长时间按下按钮2。如是长按,则令 count 2 = 1,语音播报当前年、月、日及星期几。如是短按,令 count = 1,则提高设置温度2 ℃。当设置温度高于水温且高于最大加热温度,则语音播报错误提示,并自动重置设定温度为当前水温。

中断2:检测是否长时间按下按钮3。如是长按,则令 count 2 = 2,语音播报当前时间用24小时制。如是短按,令 count = 1,降低设置温度2 ℃。当设置温度低于最低冷却温度,则语音播报错误提示,并自动重置设定温度为当前水温。

4.9.2　程序流程图

1. 主循环

主循环流程如图4 - 31所示。

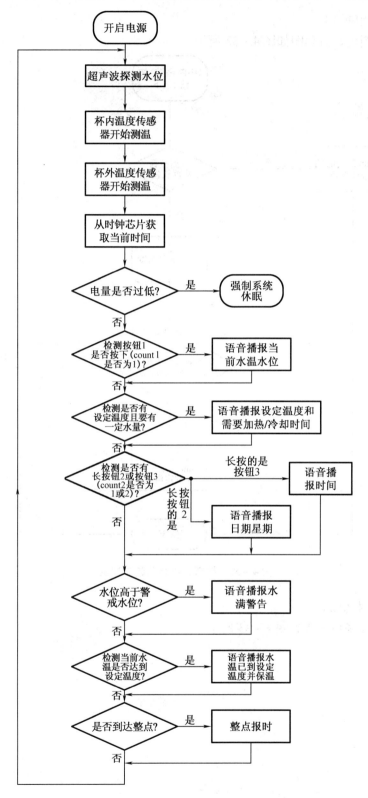

图 4-31 主循环流程图

2. 按钮2（中断1）

按钮2中断函数流程图如图4－32所示。

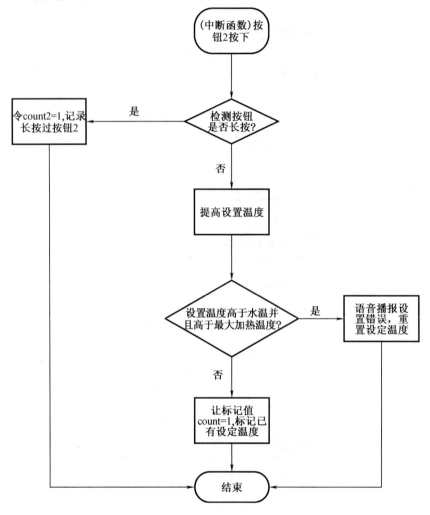

图4－32　按钮2中断函数流程图

3. 按钮3（中断2）

按钮3中断函数流程如图4－33所示。

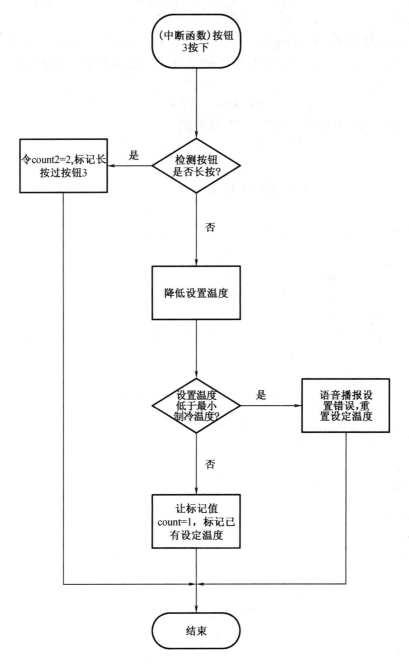

图 4 – 33　按钮 3 中断函数流程图

4.9.3　算法设计

1. 测水位算法

杯的底面积为 S,超声波测距传感器与杯底的距离为 L,用超声波测距传感器测出它与水面的距离 H,杯内水的高度为 $L-H$,则水的体积为

$$V = S(L - H) \tag{4-1}$$

2. 冷却算法

根据牛顿冷却定律, 当物体表面与周围存在温度差时, 单位时间从单位面积散失的热量与温度差成正比, 即物体的冷却速率(dT/dt)正比于该物体温度 T 与室温 C 的差值 ($T-C$), 则

$$dT/dt = -k(T-C) \tag{4-2}$$

式中, t 为冷却时间, k 为常数。对式(4-2)进行积分, 得

$$\ln(T-C) = -kt + B \tag{4-3}$$

$$T - C = e^{(-kt+B)} \tag{4-4}$$

式中, B 为积分常数。当 $t=0$ 时, 式(4-4)为

$$T_0 - C = e^B \tag{4-5}$$

式中, T_0 为初始温度, 通过实验得出当前环境下 k 的值, 代入式 (4-4) 得

$$T = C + (T_0 - C)e^{-kt} \tag{4-6}$$

对上式化简后, 可以得到冷却时间 t 为

$$t = -[\ln(T-C)/T_0 - C]/k \tag{4-7}$$

测量 k 值的方法如下:

将一定量的水加热至 100 ℃, 然后每降低 5 ℃记录一次时间, 直到水温下降至室温。根据式(4-7)计算出当前水温与目标温度温差分别为 5,10,15,…一系列的 k 值, 利用软件 Graph 得到 k 关于当前水温与目标温度的温差函数为

$$k = -0.008\,289\,18\ln x + 0.059\,650\,71 \tag{4-8}$$

式中, $x = T_0 - T$, 即当前水温与目标温度的温差。

降温过程如图 4-34 所示。

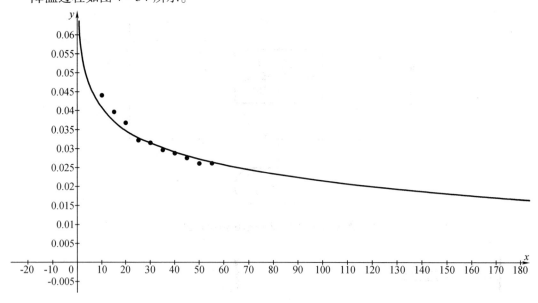

图 4-34 降温过程图

3. 加热算法

水的质量 M 与水的密度 ρ 和水的体积 V 之间的关系为

$$M = 0.001 \rho V \tag{4-9}$$

水所吸收的热量 Q 为

$$Q = cM(t_2 - t_1) \tag{4-10}$$

式中, c 为水的比热容 $[4.2 \times 10^3 \text{ J/(kg/℃)}]$, t_1 为水的初始温度, t_2 为水升高后的温度, $(t_2 - t_1)$ 为水温的变化。电流在时间 t 内所做的总功 W 为

$$W = pty \tag{4-11}$$

式中, p 为电功率, t 为水加热到指定温度所需的时间, y 为实际的传热效率。

由以上公式可得出加热水所需的时间为

$$t = \frac{Q}{py} \tag{4-12}$$

第 5 章

脑电波对决之意念拳击赛场

5.1 设 计 理 念

随着科技的发展,世界已经走进了信息时代。对于每个个体而言,信息意味着知识的获取,思想与心灵的塑造,但长期以来,盲人并未获得与健全人平等的信息。特别是,健全人能够体验到的娱乐方式有很多种,对精神和心灵方面很有益处,而可以提供给盲人的娱乐方式却屈指可数,这不利于他们心理健康和心灵方面的塑造,也是大多数盲人存在孤独感和自卑感的部分原因。为了能够丰富盲人的娱乐方式,让盲人体会到更多娱乐运动带来的乐趣,打破长久以来对娱乐运动的心理恐惧,提高他们的生活质量,本项目开发了一种通过脑电波控制的双人对决游戏来帮助他们更好地体验生活中的乐趣。这也是本项目主要的设计理念。

本项目开发的这款游戏是双人对战游戏,通过脑电波仪检测参与游戏双方脑电波值的大小,并通过彩色灯串中灯盏亮的数量直观地体现出脑电波值的强弱。主机处理返回脑电波值后,根据值的大小来控制出拳,并自动计分,采用音效播放的方式让参与游戏的盲人能够清楚地知道整个游戏的进程。同时,通过产生振动的方式,模仿被击中的感觉,让盲人体验游戏的乐趣。该脑电波值是注意力的集中度,此值越高表明注意力的集中度越高。通过该游戏盲人可以用自己的意念来进行一场集中注意力的对决。这不仅丰富了他们的生活,而且让他们可以有更多的机会高度集中自己的注意力去完成一件事,从而能够达到增强自信和自我的满足感。这也让他们在体会游戏带来无限乐趣的同时,对生活报以更大的热情。

5.2 项目的创新点

5.2.1 应用创新

本项目第一次将脑电波技术运用到了拳击赛场这种形式,让脑电波在不同的领域展现了不同的功能,能够带给本项目不一样的新体验。

5.2.2　理念创新

本项目利用脑电波模块技术,加以改进,实现脑电波控制舵机转动,从而控制拳头的运动,用一种新的形式让大家体验娱乐活动的乐趣。其具体设计理念是:用蓝牙收集脑电波模块所检测到的 α 波、β 波、δ 波,利用得到的值,设计算法得出另外一个值,用它来衡量游戏参与者注意力的集中程度,计算出的值越大表示游戏者的注意力越集中,越容易出拳。本项目还设计了一种与舵机配合的出拳装置,该装置采用多支架支撑,具有拆装简易、结构简单、外观精美、实用性强及出拳灵活等特点,将脑电波技术与出拳装置、震动、语音、彩灯等功能用一种新的形式来表现。

5.3　功能与预期的效果

5.3.1　作品功能介绍

用脑电波仪检测玩游戏的双方脑电波值,并通过蓝牙传送给主机。主机与程序设定值进行对比后执行相应的指令。若脑电波值高于程序设定值,系统就会自动判断出拳装置来控制出拳;如果脑电波值在连续的两次判断中都高于一个设定值,那么系统会自动判断装置连续出拳,同时每一次的出拳都会有精心挑选的游戏音效播放和带来强烈的震动,增强即时读取、即时打击的爽快控制感。同时,两翼的彩色灯串随时根据脑电波的集中度而变化,让游戏玩者真实地感受到游戏的过程,实现一种可以双人脑电波擂台对决的娱乐游戏。

5.3.2　预期达到的性能指标

(1)彩色灯串能 100% 准确显示脑电波的数值。

(2)开机启动时间为 1~2 s。

(3)BC04-B 蓝牙模块参数:

距离:空旷条件下 10 m,正常使用环境为 8 m 左右。

通信速度:10 Kb/s 左右。

(4)Neurosky 脑电波模块参数:

采样频率:512 Hz。

运行电压:2.97~3.63 V。

比特率:最大为 57 600 b/s。

(5)ISD4004 语音模块参数:

工作电流为 25~30 mA,维持电流为 1 μA,输入电压为 3.3~5.5 V,录音时间为 8 min。

(6)WS2812B-5050 灯珠:

数据传输速率:800 Kb/s。

工作温度: -40~80 ℃。

像素点数:60 个/米。

5.3.3 环境使用要求

本项目有两个游戏的参与者一起玩,在使用的过程中,需要较为宽敞的场地,地面需要干净,对温湿度要求不高,需要足够的光线照明,需要提供 220 V 的电源和 1 个 220 V 的插座,没有特定的使用场合,可以在较多的公开场合使用。

5.4 解决的关键技术问题

5.4.1 软件部分

1. 实时获取脑电波数据

Neurosky 脑电波芯片每秒钟发送 513 个数据包,发送的数据包有小包和大包两种格式。其中小包的格式是 AA AA 04 80 02 xxHigh xxLow xxCheckSum, AA AA 04 80 02 字节不变,后三个字节一直变化,xxHigh 和 xxLow 组成了原始数据 rawdata,xxCheckSum 是校验和。一个小包就是一个原始数据,大约每秒钟会有 512 个原始数据,系统能够实时获取脑电波数据。

2. 放大控制算法

获取到的数据常常以数据流出现,信息量大且密集,容易影响主板函数的判断。而数据流传送有延迟,这样将带来非常糟糕的用户体验,本书用算法的方式来进行弥补。

3. 合理设计游戏过程

顺畅有趣的游戏过程和合理的奖惩安排对于游戏体验是非常重要的,尤其是如何深入刻画游戏细节,为此设计一整套连续合理的代码逻辑是非常重要的。

5.4.2 机械部分

出拳机构的优化设计:出拳装置的设计需要考虑灵活性和摩擦力的问题。如果设计的结构比较复杂,这些问题就难以解决,所以在功能需求和结构设计方面需要实现最优。本书通过多次设计、实验和修改,最终完成出拳机构的优化设计。通过减少舵机的数量,不仅简化了制作的过程,还提高了出拳过程中的灵活性。

5.5　物料清单

脑电波对决之意念拳击赛场的物料清单如表 5 - 1 所示。

表 5 - 1　物料清单

序号	名称	型号规格	单位	数量	用途
1	画板	4K	个	1	固定板
2	脑电波仪	—	个	2	测脑电波
3	振动马达	—	个	4	通过振动提示使用者
4	语音模块加套件	—	个	2	录放音效
5	变压器	220 V 转 12 V	个	2	改变电压
6	蓝牙模块	BC04 - B	块	2	用作主机
7	扬声器	—	个	2	发出声音
8	坐垫	—	个	2	装振动电动机
9	拳套	—	个	2	用于组成出拳装置
10	玩偶	—	个	2	作为玩家的替身,被拳套击打
11	MG995 舵机	MG995	个	4	控制拳头运动
12	按钮	—	个	2	作为游戏开始的开关
13	电线	—	米	8	连接电路
14	全彩灯条	60 珠 5 V	条	1	显示脑电波强度和装饰

5.6　机械零件设计图

5.6.1　4K 画板

4K 画板模拟图与设计图如表 5 - 2 所示。

表 5－2　4K 画板的模拟图与设计图

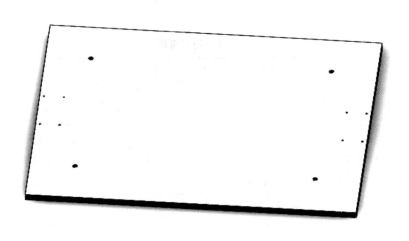

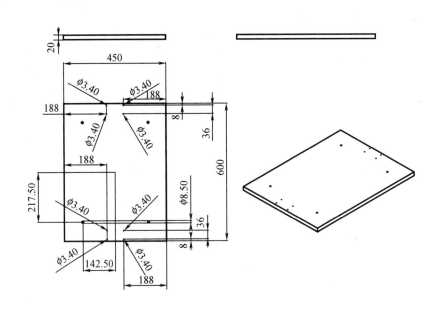

作用:作为底板,固定电路板及支撑件

5.6.2　前支撑板

前支撑板的模拟图与设计图如表 5 - 3 所示。

表 5 - 3　前支撑板的模拟图与设计图

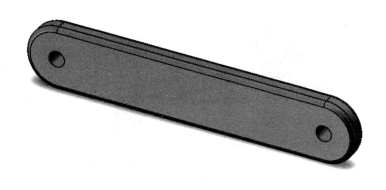

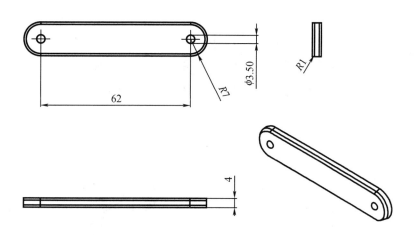

作用:作为支撑

5.6.3 拳套支架

拳套支架的模拟图与设计图如表 5 – 4 所示。

表 5 – 4 拳套支架的模拟图与设计图

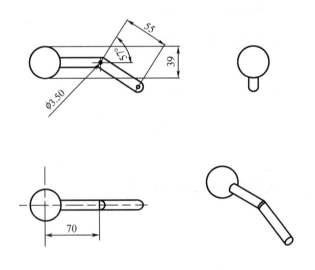

作用:支撑拳套

5.6.4　支撑板

支撑板模拟图和设计图如表 5 – 5 所示。

表 5 – 5　支撑板的模拟图和设计图

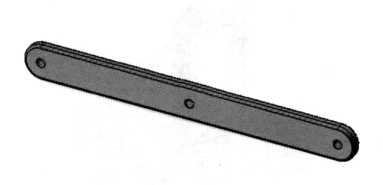

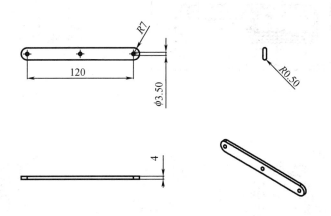

作用:起支撑作用

5.6.5　支撑架 M

支撑架 M 模拟图与设计图如表 5 - 6 所示。

表 5 - 6　支撑架 M 的模拟图与设计图

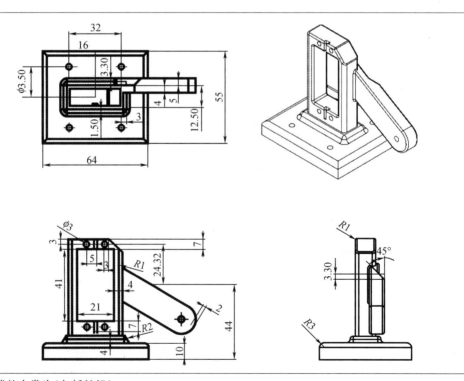

作用:支撑整个拳头(包括舵机)

5.6.6　支撑板 M

支撑板 M 模拟图与设计图如表 5 – 7 所示。

表 5 – 7　支撑板 M 的模拟图与设计图

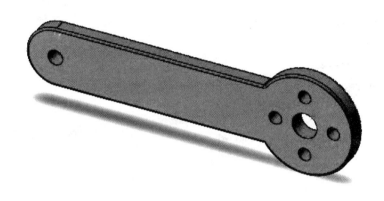

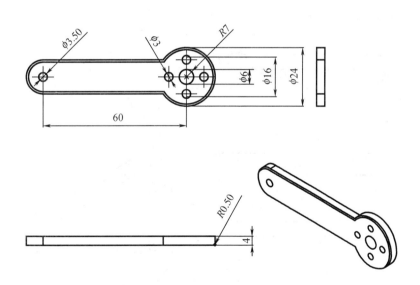

作用:连接舵盘,起支撑作用

5.6.7　擂台杆 A

擂台杆 A 的模拟图与设计图如表 5 - 8 所示。

表 5 - 8　擂台杆 A 的模拟图与设计图

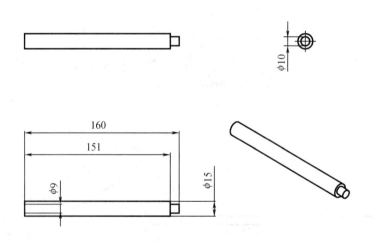

作用:场地装饰

5.6.8　擂台杆 B

擂台杆 B 的模拟图与设计图如表 5 –9 所示。

表 5 –9　擂台杆 B 的模拟图与设计图

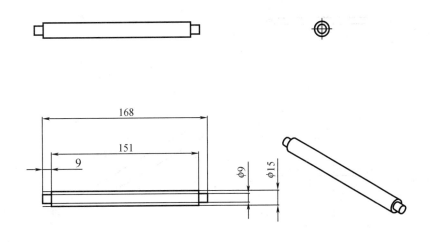

作用:场地装饰

5.6.9　擂台杆 C

擂台杆 C 的模拟图与设计图如表 5 – 10 所示。

表 5 – 10　擂台杆 C 的模拟图与设计图

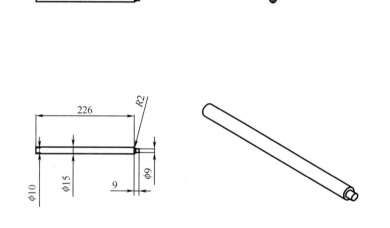

作用:场地装饰

5.6.10　擂台杆 D

擂台杆 D 的模拟图与设计图如表 5 – 11 所示。

表 5 – 11　擂台杆 D 的模拟图与设计图

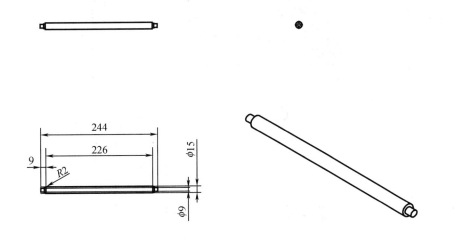

作用:场地装饰

5.6.11 擂台支撑架

擂台支撑架的模拟图与设计图如表 5 – 12 所示。

表 5 – 12　擂台支撑架的模拟图与设计图

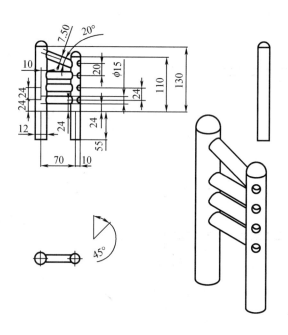

作用:场地装饰

5.6.12　二层板 A

二层板 A 的模拟图与设计图如表 5-13 所示。

表 5-13　二层板 A 的模拟图与设计图

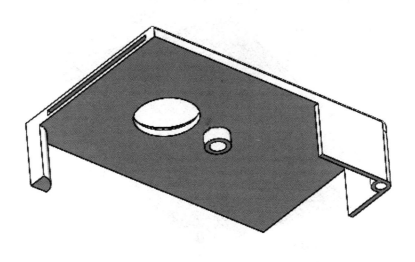

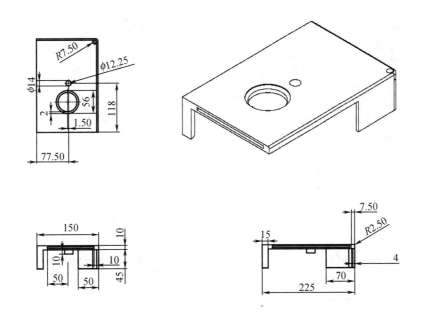

作用：固定玩偶

5.6.13　二层板 B

二层板 B 的模拟图与设计图如表 5 – 14 所示。

表 5 – 14　二层板 B 的模拟图与设计图

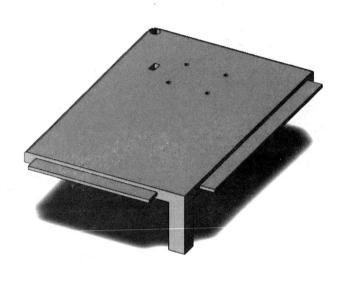

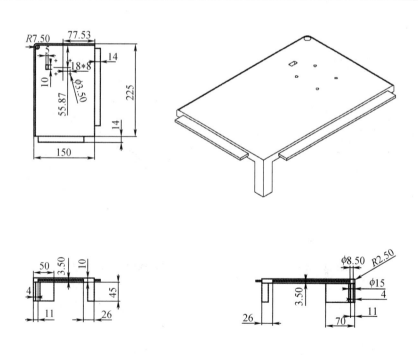

作用:固定机械手

5.6.14　支撑板 X

支撑板 X 的模拟图与设计图如表 5-15 所示。

表 5-15　支撑板 X 的模拟图与设计图

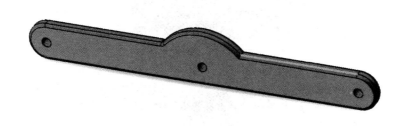

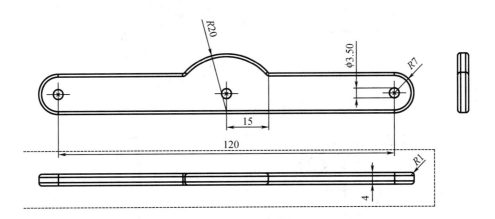

作用:支撑机械手,防止机械手返回时卡住不能出拳

5.6.15 按钮支撑

按钮支撑的模拟图与设计图如表 5 - 16 所示。

表 5 - 16 按钮支撑的模拟图与设计图

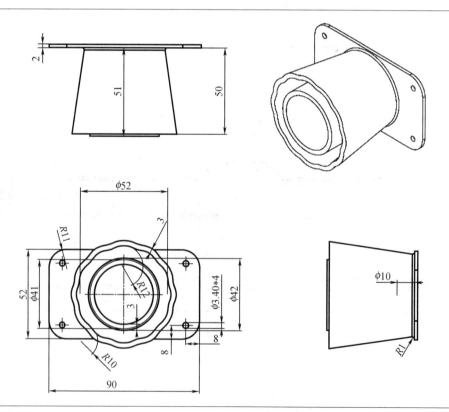

作用:支撑按钮

5.6.16　挡板 1

挡板 1 的模拟图与设计图如表 5 – 17 所示。

表 5 – 17　挡板 1 的模拟图与设计图

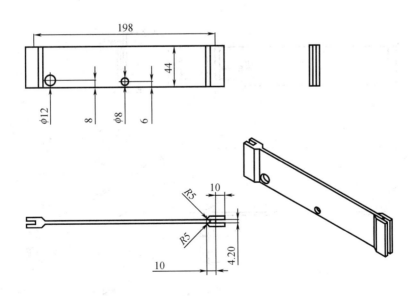

作用:遮挡装饰

5.6.17 挡板 2

挡板 2 的模拟图与设计图如表 5 – 18 所示。

表 5 – 18 挡板 2 的模拟图与设计图

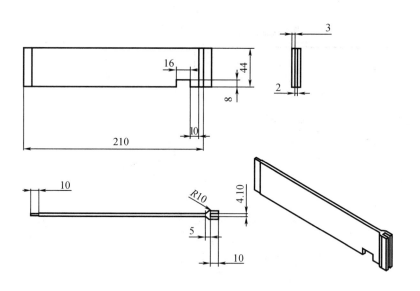

作用:遮挡装饰

5.6.18　挡板 3

挡板 3 的模拟图与设计图如表 5 – 19 所示。

表 5 – 19　挡板 3 的模拟图与设计图

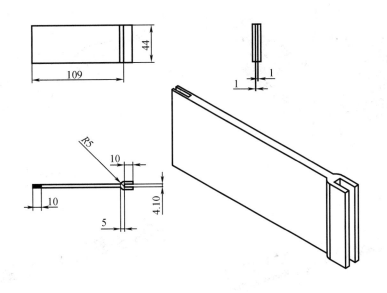

作用:遮挡装饰

5.7　产品组装说明

5.7.1　零件清单

产品组装零件清单如表 5－20 所示。

表 5－20　产品组装零件清单

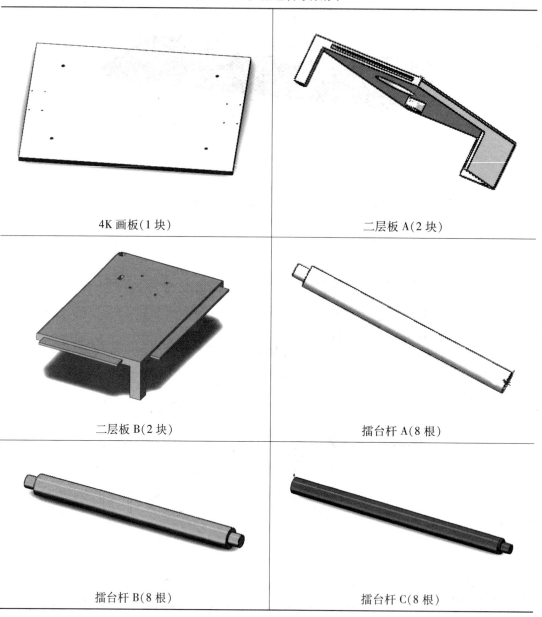

4K 画板(1 块)	二层板 A(2 块)
二层板 B(2 块)	擂台杆 A(8 根)
擂台杆 B(8 根)	擂台杆 C(8 根)

表 5 - 20(续 1)

擂台杆 D(8 根)

擂台支撑架(4 个)

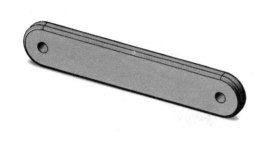

前支撑板(2 个)

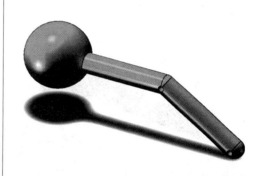

拳套支架(2 个)

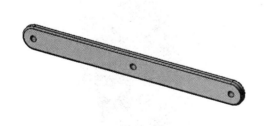

支撑板(2 个)

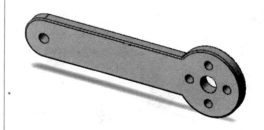

支撑板 M(2 个)

表 5 – 20(续 2)

支撑架 X(2 个)

支撑架 M(2 个)

M3 × 25 螺丝和螺母(22 个)

M8 × 90 螺丝和螺母(4 个)

M3 × 16 螺丝和螺母(14 个)

辉盛 MG995 舵机(2 个)

表 **5－20**(续 3)

圆舵盘(2 个)

按钮支撑(2 个)

挡板 2(2 个)

挡板 1(2 个)

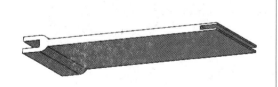

挡板 3(2 个)

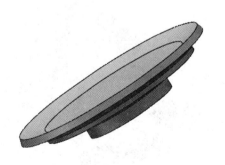

扬声器(2 个)

表 5 – 20(续 4)

电源板(1 个)

语音芯片(2 个)

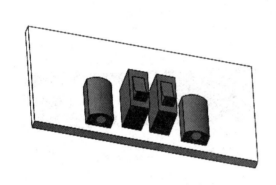

电源开关(1 个)

拳套(2 个)

脑电波仪(2 个)

龙猫玩偶(2 个)

5.7.2　组装流程

1. 擂台模块

Step 1. 将擂台杆 A 和 B 连接在一起,如图 5 - 1 所示。

图 5 - 1　擂台模块组装图(1)

Step 2. 将擂台杆 C 和 D 连接起来,如图 5 - 2 所示。

图 5 - 2　擂台模块组装图(2)

Step 3. 将已经连接好的 A,B,C,D 擂台杆和擂台支撑架连接,如图 5 - 3 所示。

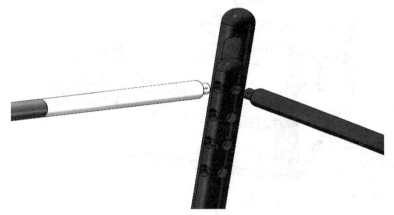

图 5 - 3　擂台模块组装图(3)

Step 4. 重复 step 3,将多根 A,B 连杆,C,D 连杆与支撑架连接,如图 5 - 4 所示。

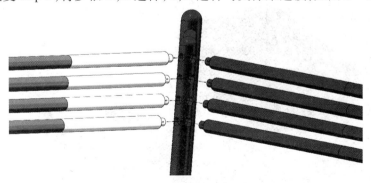

图 5 - 4　擂台模块组装图(4)

Step 5. 重复 step 4 将整个擂台组装好放置在 4K 画板上,用胶水粘稳即可,如图 5-5 所示。

图 5-5 擂台模块完成图

Step 6. 将整个擂台放置在 4K 画板上,用胶水粘稳即可,如图 5-6 所示。

图 5-6 擂台、画板模块完成图

2. 二层板装置模块

Step 1. 将二层板 A 和 B 分别连接起来,如图 5-7 所示。

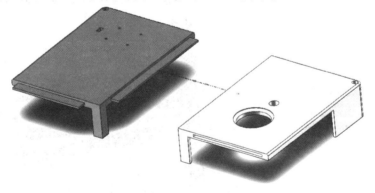

图 5-7 二层板组装图(1)

Step 2. 重复 step 1,再将两块已经组装好的二层板连接在一起,如图 5 – 8 所示。

图 5 – 8　二层板组装图(2)

Step 3. 完成二层板组装,如图 5 – 9 所示。

图 5 – 9　二层板组装完成图

Step 4. 将挡板 2 和挡板 3 连接起来,如图 5 – 10 所示。

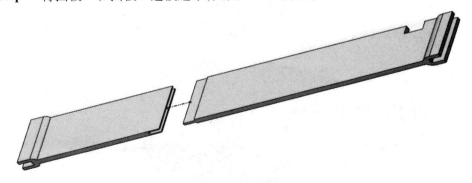

图 5 – 10　二层挡板组装图

Step 5. 将已经组装好的挡板 2 和挡板 3 与二层板连接起来，如图 5 – 11 所示。

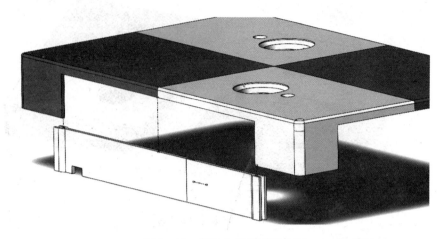

图 5 – 11　组装左侧挡板示意图

Step 6. 重复 Step 4，在二层板的另一侧也连接上挡板 2 和挡板 3，如图 5 – 12 所示。

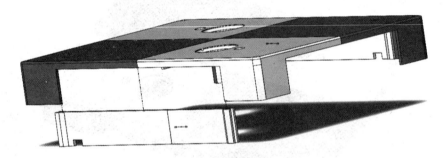

图 5 – 12　组装右侧挡板示意图

Step 7. 将挡板 1 和二层板连接起来，如图 5 – 13 所示。

图 5 – 13　组装前挡板示意图

Step 8. 重复 Step 7,在二层板的另一侧也连接上挡板 1,如图 5 – 14 所示。

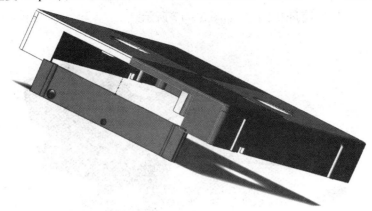

图 5 – 14　组装后挡板示意图

Step 9. 在二层板上装上扬声器,如图 5 – 15 所示。

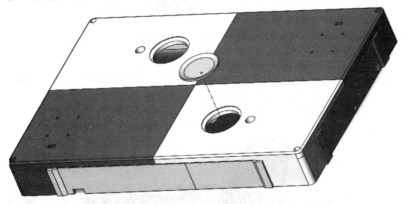

图 5 – 15　安装扬声器示意图(1)

Step 10. 在二层板上装上另一个扬声器,如图 5 – 16 所示。

图 5 – 16　安装扬声器示意图(2)

3. 出拳装置模块

Step 1. 用支撑架 M 将舵机固定,如图 5 - 17 所示。

图 5 - 17   插入舵机示意图

Step 2. 分别在舵机和支撑架 M 的安装孔上用 M3 × 25 的螺丝和螺母固定,如图 5 - 18 所示。

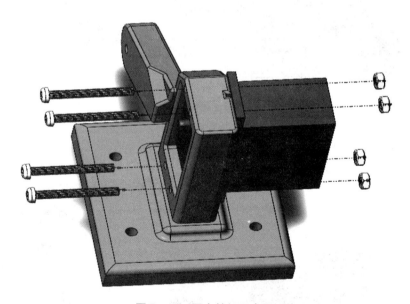

图 5 - 18   固定舵机示意图

Step 3. 用 M3×16 的螺丝和螺母将圆舵盘和支撑板 M 固定,如图 5-19 所示。

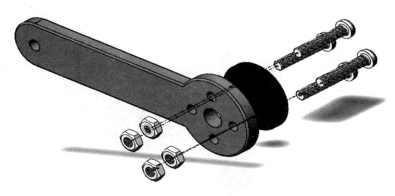

图 5-19　组装舵盘示意图

Step 4. 将已经组装好的舵盘和舵机齿轮连接,如图 5-20 所示。

图 5-20　固定舵盘示意图

Step 5. 用 M3 × 16 的螺丝和螺母将支撑板 X 和支撑板 M 连接，如图 5 – 21 和图 5 – 22 所示。

图 5 – 21　连接支撑板示意图(1)

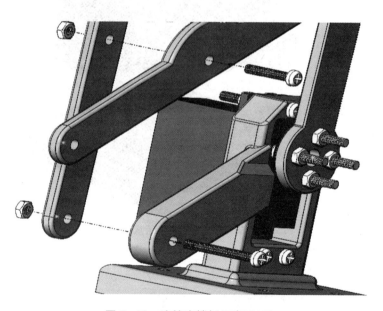

图 5 – 22　连接支撑板示意图(2)

Step 6. 用 M3×16 的螺丝和螺母将支撑板、前支撑板 X 连接在一起,用 M3×25 的螺丝和螺母将拳套支架分别和前支撑板、支撑板 X 连接在一起,如图 5－23 所示。

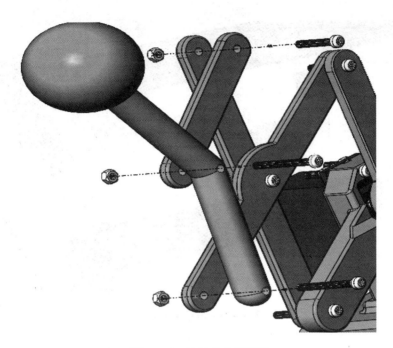

图 **5－23**　连接拳套示意图

Step 7. 出拳装置组装完成,如图 5－24 所示。

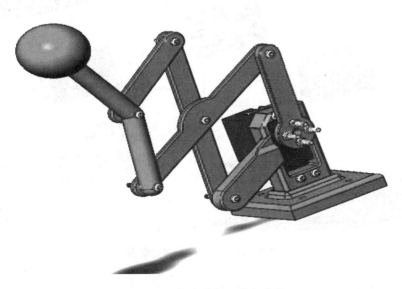

图 **5－24**　出拳装置组装完成图

Step 8. 用胶水将电源板、两块 Arduino UNO 板和两块语音芯片固定在 4K 画板上，如图 5 – 25 所示。

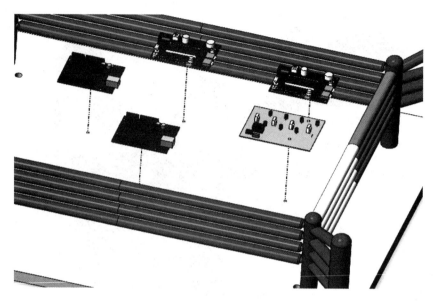

图 5 – 25　电路板组装图

Step 9. 电路板组装完成，如图 5 – 26 所示。

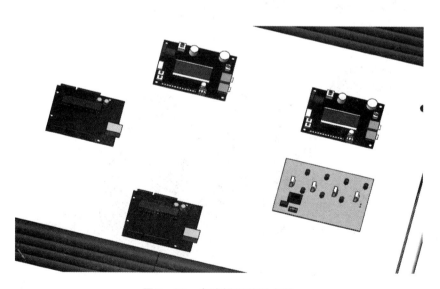

图 5 – 26　电路板组装完成图

Step 10. 用 M8 × 90 的螺丝和螺母将二层板固定在底板上（另一侧也相同），如图 5 – 27 所示。

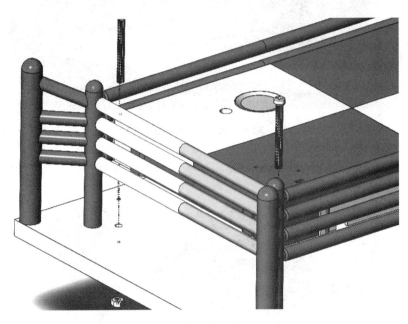

图 5 – 27　将二层板固定在底板上的示意图

Step 11. 将按钮支撑用 M3 × 25 螺丝和螺母固定在 4K 画板（另外对称的一侧也一样），如图 5 – 28 所示。

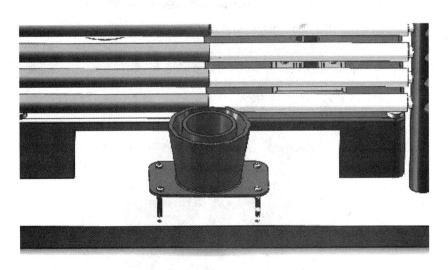

图 5 – 28　按钮支撑固定示意图

Step 12. 将电源开关装在画板的一侧,如图 5 – 29 所示。

图 5 – 29　电源开关组装图

Step 13. 用 M3 × 25 的螺丝和螺母将出拳装置和二层板连接固定(另外对称的一侧也一样),如图 5 – 30 所示。

图 5 – 30　固定出拳装置在底板上的示意图

Step 14. 出拳装置组装完成,如图 5 – 31 至图 5 – 36 所示。

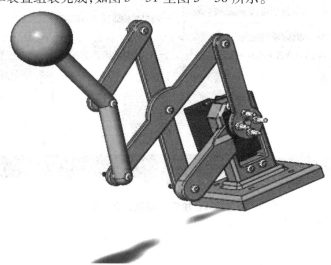

图 5 – 31　意念对决游戏出拳装置组装完成图

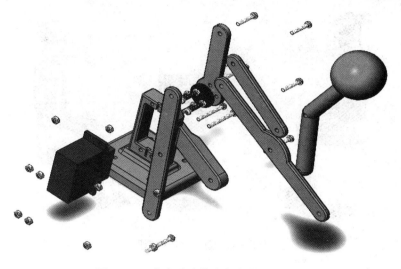

图 5 - 32　意念对决游戏出拳装置爆炸图

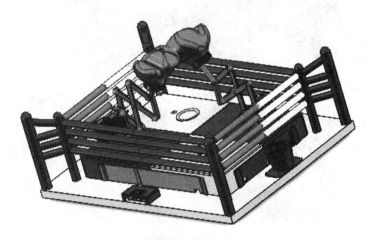

图 5 - 33　意念对决游戏装配完成 3D 图

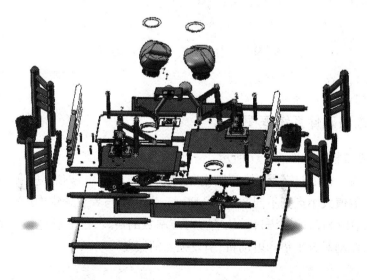

图 5 - 34　意念对决游戏装置零件爆炸图

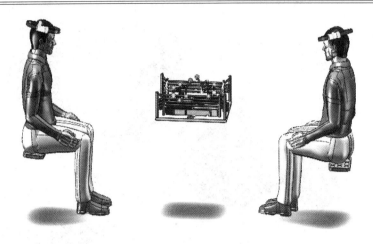

图 5 - 35　意念对决模拟图

图 5 - 36　实物图

5.8　电路设计与接线

5.8.1　电路硬件系统框图

电路硬件系统框图如图 5 - 37 所示。

原理简介:单片机通过蓝牙,接收脑电波模块传回的脑电波值;进行一系列算法处理后,根据脑电波数值大小点亮不同数量的 LED 灯;并在参与者意念集中度较高时,控制舵机转动带动拳头击中公仔,控制语言模块播报对应拳数的声音,己方脑电波达到一定的阈值,将会击败对方,驱动对方坐垫的电动机,引发强烈的振动。

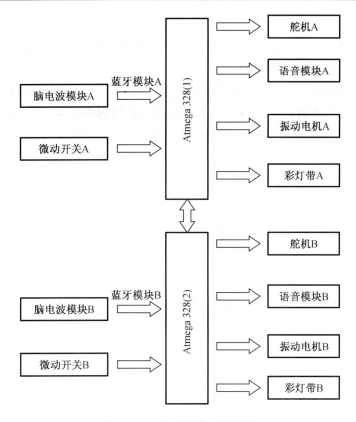

图 5 - 37　电路硬件系统框图

5.8.2　电路模块设计

1. 总开关

总开关的作用是控制整个装置的电源,其原理如图 5 - 38 所示。

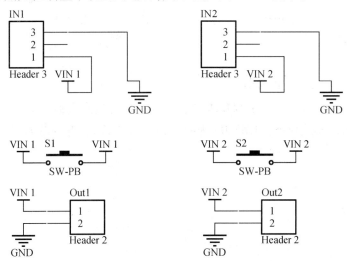

图 5 - 38　总开关原理图(包括总开关和电动机电源开关)

如图 5－38 所示：

（1）IN1，IN2 均为电源适配器 DC 插座，因 AD 中没有相关元件，故暂用 Header 3 表示（本项目选用 12 V 的直流电源适配器）。

（2）S1 为主机电源开关，S2 为电机电源开关。VIN1，VIN2 以区分两部分的电源（考虑到有振动与无振动模式的自由选择，以及独立电源能加强振动效果，这里采用双电源）。

（3）Out1，Out2 为接线端子，分别连接电源模块和电机驱动模块。

2. 游戏开始键

游戏开始键电路图如图 5－39 所示。

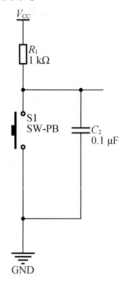

图 5－39　游戏开始键电路图

作用：当选手准备完毕后，拍下按键，即告诉系统，自己已准备好。

原理：按键未拍下时，Arduino UNO 板对应的端口测到高电平。当按键拍下时，瞬间接地，该端口测到低电平。主板由此知道，选手已经拍下按键，准备完毕。与按键相连接的电容起到消除抖动的作用。

3. 电源模块

电源模块电路如图 5－40 所示。

原理：用 LM7805 稳压芯片和 LM2596 稳压芯片分别为两个微动开关、两个舵机、两个语音模块，两个蓝牙模块供电。LM7805 为线性稳压芯片，输入电压差大于 2 V 时，能稳定输出 5 V 电压。

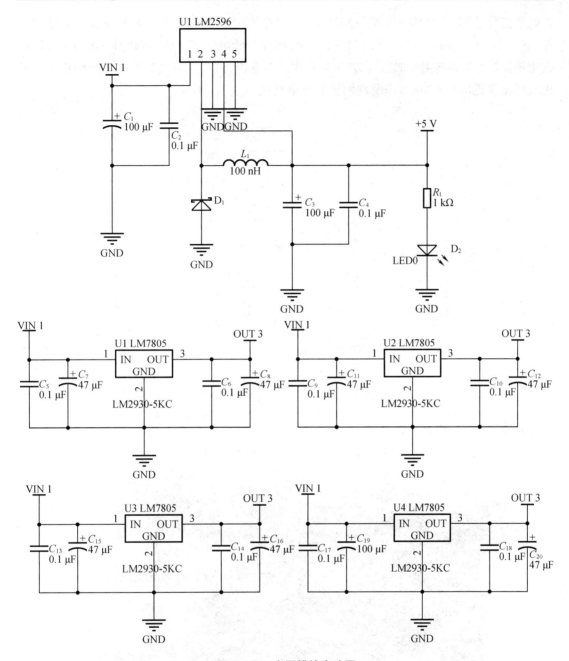

图 5 - 40　电源模块电路图

4. 电动机驱动模块(L298N 芯片)

电动机驱动模块电路如图 5 - 41 所示。

作用:L298N 芯片驱动振动电动机,通过 PWM 控制振动电动机的振幅。

工作原理:L298N 是 ST 公司生产的一种高电压、大电流电动机驱动芯片。该芯片采用 15 脚封装。其主要特点是:工作电压高,最高工作电压可达 46 V;输出电流大,瞬间峰值电流可达 3 A,持续工作电流为 2 A;额定功率 25 W。L298N 内含两个 H 桥的高电压大电流全桥式驱动器,可以用来驱动直流电动机和步进电动机、继电器线圈等感性负载;采用标准逻辑电平信号控制;具有两个使能控制端,在不受输入信号影响的情况下允许或禁止器件工作,有一个逻辑电源输入端,使内部逻辑电路部分在低电压下工作;可以外接检测电阻,将变化量反馈给控制电路。使用 L298N 芯片驱动电动机,该芯片可以驱动一台两相步进电动机或四相步进电动机,也可以驱动两台直流电动机。

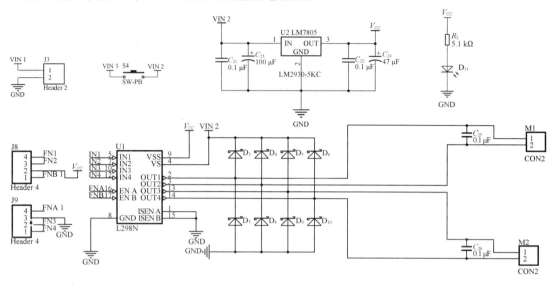

图 5 - 41　电动机驱动模块电路图

5. Rec - 1000 语言录放模块

该模块是基于 ISD4004 语音录放芯片开发的,如图 5 - 42 所示。

图 5 - 42　ISD4004 语音模块示意图

通过控制 SS 片选、SCL 串行时钟及 MOSI 串行三个端口出入控制 ISD4004 芯片声音播放。

指令格式为播放命令,接 16 位播放地址。需要事先录好所需音效,并记下录音地址,方便播放。

5.8.3　接线总表

接线总表如表 5 - 21 所示。

表 5 - 21　接线总表

序号	模块引脚名称	Arduino 对应引脚	备注
1	蓝牙模块引脚 Rx	Rx	与脑电波模块通信
2	蓝牙模块引脚 Tx	Tx	与脑电波模块通信
3	Arduino 2 口	另一 Arduino 3 口	与另一块 Arduino UNO 板通信
4	Arduino 3 口	另一 Arduin UNO 2 口	与另一块 Arduino UNO 板通信
5	电动机模块 ENA	Arduino 5 口	通过 PWM 控制电动机振动
6	电动机模块 ENB	Arduino 6 口	通过 PWM 控制电动机振动
7	微动开关	Arduino 7 口	通过电平的变化给出开始游戏的信号
8	舵机	Arduino 9 口	控制舵机转动的角度
9	语音模块 SCL 引脚	Arduino 10 口	控制语音芯片的播放
10	语音模块 MOSI 引脚	Arduino 11 口	控制语音芯片的播放
11	语音模块 SS 引脚	Arduino 12 口	控制语音芯片的播放
12	舵机电源	电源板 5 V,GND	为舵机供电
13	语音模块 5 V,GND	电源板 5 V,GND	为语音芯片供电
14	微动开关电源	电源板 5 V,GND	为 LED 灯供电
15	蓝牙模块电源	电源板 5 V,GND	为蓝牙模块供电
16	总电源	总开关板 VIN1	为除电动机外的系统供电
17	电动机电源	总开关板 VIN2	为电动机单独供电

5.9　软　件　设　计

5.9.1　程序设计思想

本程序的主要功能是从头戴装置获取脑电波数据,根据数值大小来控制出拳,蓝牙连接主板和头戴装置,按钮控制游戏开始和重来,彩色灯串根据脑电波来实时显示精神集中的强度。

程序初始化后,将所有装置清零复位,开启蓝牙搜索动能,与头戴装置进行连接。连接成功后,闪烁彩色 LED 灯,并播放游戏使用说明。

游戏在两方按下按钮后开始,在游戏音效伴随下打完十拳,胜利者和失败者会有特殊效果(声音和坐垫震动)。

双方按下按钮,游戏再次开始。

5.9.2　主程序流程图

主程序流程图如图 5 − 43 所示。

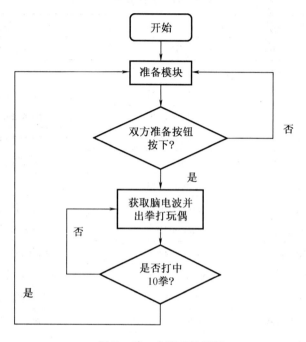

图 5 − 43　主程序流程图

5.9.3　算法设计(滤波算法)

算法目的:对从蓝牙的串口中读取的脑电波头戴装置返回的原始数据进行过滤,去掉重复和无用信息。

调用头戴芯片面向 Arduino 库的 api,把获取的数据映射到数值 0 到 100,用来表现精神集中度和放松度的程度。由于把数据区间变小,导致精确程度变低。在实际测量中会出现大量数据波动,设波动的范围为[A,B]。将[A,B]作为窗口函数滤除干扰。本作品实际测量的干扰值在 50 ~ 55 之间波动。过多的无效数据使得难以观测到出现的高集中度值,可以过滤掉这部分的无效数据。读者可以编写自适应滤波算法,或根据自己的实际测试去除掉无效数据。

第6章

手势控制的变形机器人

6.1 设计理念

据最新资料统计说明,我国听力语言残疾居视力残疾、肢残、智残等五大残疾之首,为2 057 万人,占中国人口总数的 1.67%,其中 7 岁以下儿童约为 80 万人。据统计,我国聋哑症的发病率约为 2%,按年均人口出生率计算,连同出生后 2~3 岁婴幼儿,每年总的群体达5 700 万,听损伤的发病人数约为 17 万。我国每年约有2 000 万新生儿出生,其中听力损害的新生儿约有 3 万。

以上数据表明:聋哑人是社会的弱势群体。由于他们身体存在着残疾问题,既听不到声音,又说不了话,与别人沟通存在着障碍,慢慢地,他们会感觉被这个社会所孤立,久而久之,他们会形成一种自卑的心理。即使他们能用手语和别人沟通,也不愿和别人交流,大多都会自觉或者不自觉将自己封闭起来,不愿与别人沟通,或多或少都会存在着心理问题。针对聋哑人的特点,为了增加他们的娱乐活动,减少他们存在的孤僻感和自卑,本项目设计了针对聋哑人的手势控制的机甲战士。

本项目手势控制变形机器人能实现手势控制机器人前进、后退、向左转、向后转、停止以及变形等功能。这款产品主要由两部分组成。第一部分以单片机为平台,以红外矩阵为主外加无线传输模块。当使用者向前挥手时,红外矩阵接收到感应信息,然后将信息经无线模块传输到第二部分。第二部分是一个小型机器人,能实现向左转、向右转、前进、后退、停止功能。之后还能实现变形功能,变形成一辆小车,同样能实现向左转、向右转、前进、后退、停止功能。这两部分相辅相成,以无线模块传输为桥梁,共同完成整个系统的工作。本项目主要考虑到聋哑人自身存在听觉问题,能够解决聋哑人的娱乐问题,让他们能够感受到社会的温暖,更加快乐的生活。同时,这款产品也体现了当今时代"关爱残疾人,关心弱势群体"的主题。如果拥有了这款产品,聋哑人生活内容会更丰富、更愉快,达到助残的目的。

6.2 项目创新点

6.2.1 应用创新

本项目将红外发射与接收管用于非接触式手势感应装置,有别于传统的触摸屏控制,通过红外检测识别手指,控制机器人做出不同的动作,属于应用创新。

6.2.2 组合创新

将非接触式手势控制与控制机器人组合,能控制机器人前进、后退和变形,两种技术的组合创造了新的动作效果,使机器人更加有趣生动。

6.3 功能与预期的效果

6.3.1 作品功能介绍

1. 红外矩阵部分

该部分包含了 16 个红外发射管、16 个红外接收管和 16 个发光二极管。它们以 4×4 的矩阵排列。当手和红外发射管的间隔为 $3 \sim 5$ cm 时,单片机会接收到数据,同时蓝色发光二极管会点亮,并将数据由总线汇总到上级的单片机之中。红外矩阵部分由 9 个小模块组成,形成一个 12×12 的红外矩阵。上级单片机接收到手势之后将相应指令通过无线模块传输给机甲战士。当手势向左时,机甲战士会向左转。当手势向右时,机甲战士会向右转。当双手向前挥时,机甲战士会前进。当手放在手势板上不动的时候,机甲战士原地待命。当左右手同时向前将手挥过手势板的时候,机甲战士会变身。当左手放在手势板上不动时,同时右手晃动,机甲战士会将右手臂左右挥动。当右手放在手势板上不动时,同时左手晃动,此时机甲战士会将左手臂挥动。

2. 机甲战士控制部分

该部分接收到相应指令之后便会通过单片机控制舵机以及电动机,实现机甲战士的各种动作组,以及让语音模块发出相应的音乐。

6.3.2 预期达到的性能指标

1. 红外检测模块

一共有 9 个模块,每个模块 16 个红外灯,能识别约 11 种手势,识别率约 80%,I^2C 扫描速度每秒 50 帧,识别不同手势控制机甲战士做出相应动作,并会有蓝光随着手势亮起。

2. 语音模块

一共收录了 4 种声音语段,当做出指定动作时会播出相应的语段。

3. 灯阵模块

当收到指令后会闪烁不同图案。一共约 5 种图案,相隔大约 1 s 播放。

6.3.3　环境使用要求

本项目测试及场地要求:场地地面平整,面积为 1 m × 1 m;由于检测手势的红外传感器易受日光影响,因此场地不能在日光过强的地方;需要提供 220 V 电源插座一个,以满足红外控制板供电需求。本项目较适于室内娱乐。

6.4　解决的关键技术问题

1. 将红外检测手势矩阵模块做成三层,上层为红外矩阵,中层为比较器调节模块,下层为最小系统板以及 LM7805 模块。这样不仅可以大大增加红外矩阵检测手势的有效面积,而且还有利于模块间的衔接,提高排查故障的效率,方便更换。

2. 因为太阳光中包含大量红外射线,对红外检测模块有一定影响,通过在红外模块中加入精密电位器,电位器与红外接收管位置一一对应,能快速独立调节每一个红外灯的检测灵敏度,大大提高了作品对环境的适应能力。

6.5　物　料　清　单

物料清单如表 6 - 1 所示。

表 6 - 1　物料清单

序号	名称	型号规格	材料性质	单位	数量	备注
1	单片机	Mega328	芯片	块	10	主机
2	无线模块	nRF 24L01	—	块	2	传送数据
3	蜂鸣器	5 V 无源	—	个	1	作指示器
4	接线柱	两位	—	个	1	接电源
5	稳压器	7805	—	个	1	稳压 5 V
6	稳压器	1117	—	个	1	稳压 3.3 V
7	散热片	7805/1117	铝制	片	2	散热
8	电解电容	100 μF	—	个	22	滤波
9	陶瓷电容	0.1 μF	—	个	54	滤波
10	电阻	4.7 kΩ	—	个	146	—
11	电阻	1 kΩ	—	个	147	—
12	电阻	5.1 kΩ	—	个	1	—

表 6-1（续）

序号	名称	型号规格	材料性质	单位	数量	备注
13	按键开关	4 脚	—	个	10	—
14	晶振	16 MHz	—	个	10	—
15	蓝色 LED	3 mm	—	个	155	指示灯
16	绿色 LED	3 mm	—	个	145	指示灯
17	红色 LED	3 mm	—	个	42	组成灯阵
18	稳压器	贴片 7805	—	片	19	稳压 5 V
19	红外发射管	ϕ5 mm 940 nm	—	个	144	发射红外光
20	红外接收管	ϕ5 mm 940 nm	—	个	144	接收红外光
21	比较器	LM324	—	个	64	模拟信号转数字信号
22	电阻	10 kΩ	—	个	144	—
23	电阻	220 Ω	—	个	144	—
24	电阻	200 Ω	—	个	144	—
25	精密电位器	10 kΩ	—	个	144	调节比较电压
26	陶瓷电容	22 pF	—	个	18	复位电路
27	单片机开发板	Arduino 2560	—	块	1	—
28	电池	4 800 mAh 锂电池	—	个	2	—
29	船型开关	—	—	个	2	—
30	电动机驱动模块	—	—	个	1	—
31	语音模块	—	—	个	1	—
32	舵机	MG995	—	个	7	—
33	减速电动机	1:128	—	个	2	—
34	轮胎	—	—	个	4	—
35	降压模块	12 V 转 7 V	—	个	1	—
36	亚克力板	—	—	个	1	—

6.6 机械零件设计图

机械零件设计图如表 6-2 至表 6-15 所示。

表 6 - 2　头部模拟图与设计图

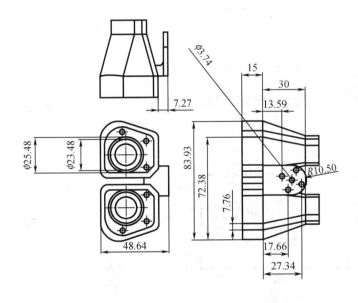

作用:用于转动

表 6-3　手臂(左)模拟图与设计图

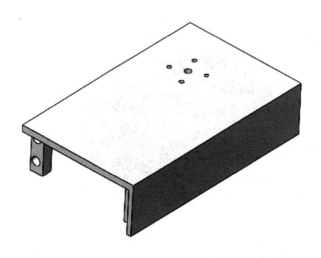

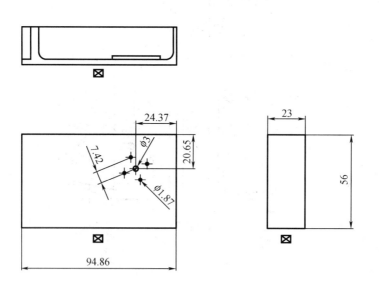

作用:固定舵机

表 6 – 4　手臂(右)模拟图与设计图

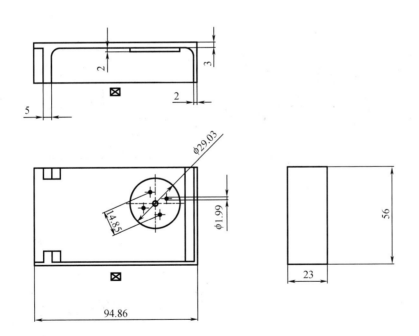

作用:固定舵机

表6-5 手(左)模拟图与设计图

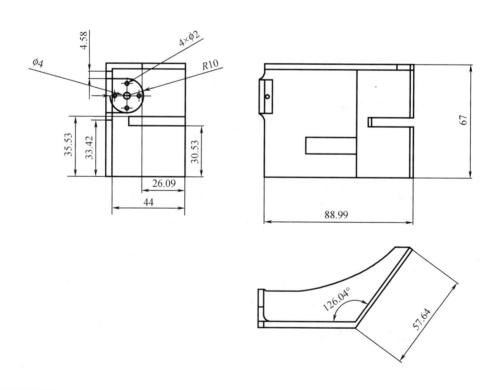

作用:作为机器人的左手臂,可转动

表 6 – 6　手(右)模拟图与设计图

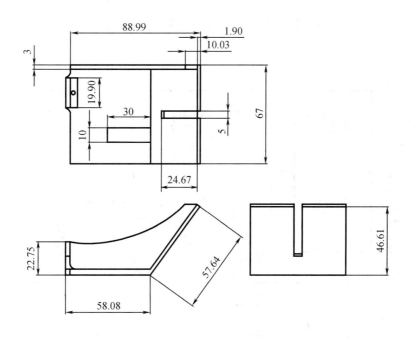

作用:作为机器人的右手臂,可转动

表6-7 中间板模拟图与设计图

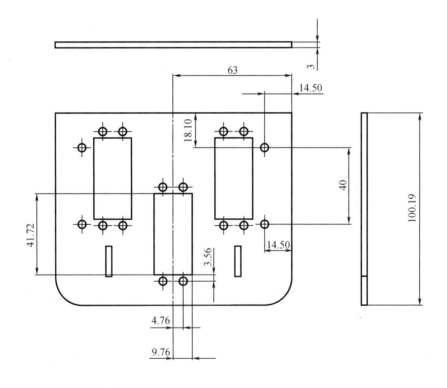

作用:用于固定舵机

表 6 – 8　横梁(左)模拟图与设计图

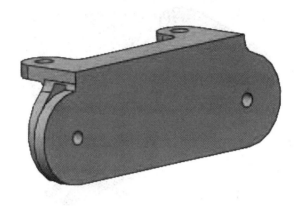

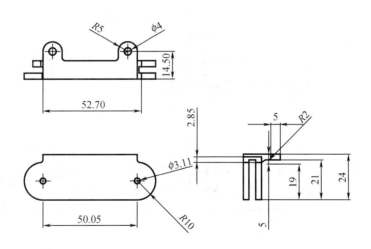

作用:支撑上半身

表6-9 横梁(右)模拟图与设计图

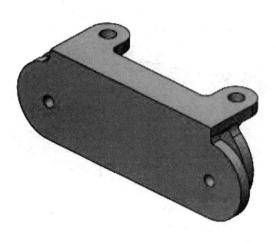

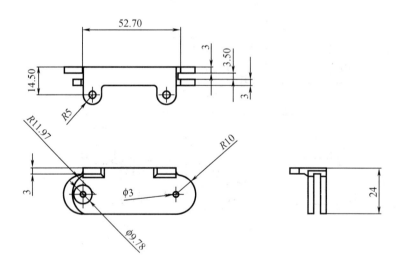

作用:支撑上半身

表 6 - 10　杆的模拟图与设计图

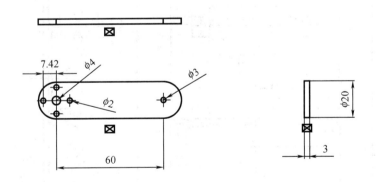

作用:用于支撑

表6-11　固定板模拟图与设计图

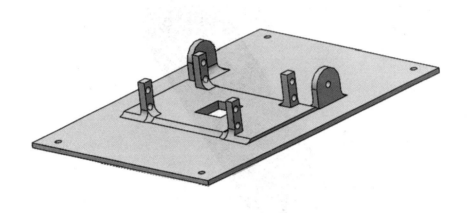

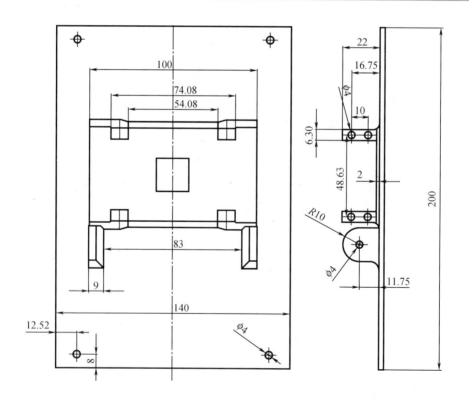

作用:固定板、舵机

表 6 – 12　底板模拟图与设计图

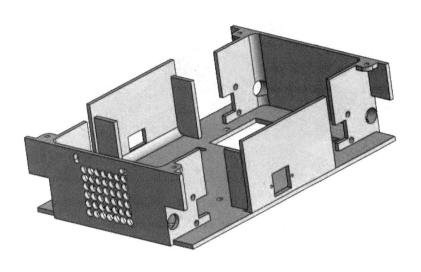

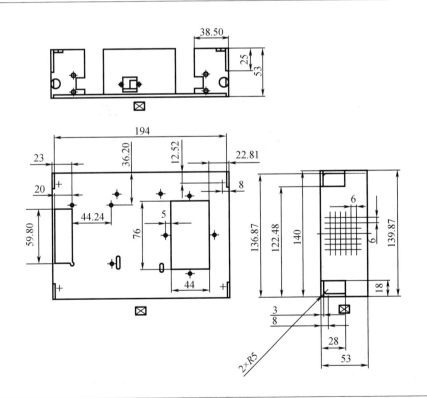

作用:承载作用

表 6 – 13　电池盖模拟图与设计图

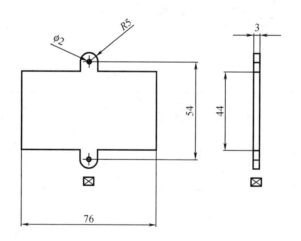

作用:固定电池

表 6 - 14　封口板模拟图与设计图

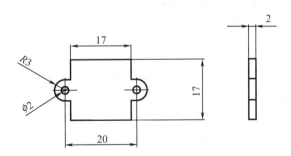

作用:封住 Arduino 板的输入端口

表 6 - 15　电池盒模拟图与设计图

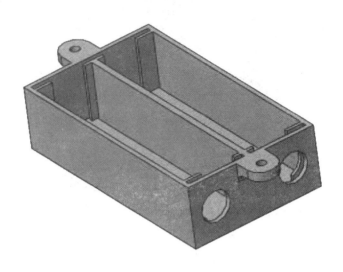

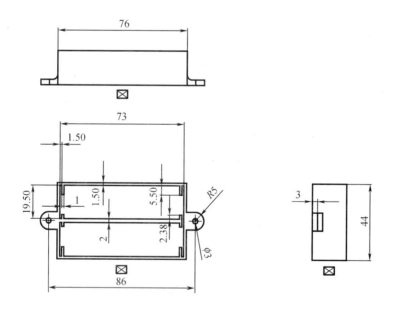

作用:固定电池

6.7　产品组装说明

6.7.1　零件清单

组装产品所需的零件清单如表 6 – 16 所示。

表 6 – 16　基本零件清单

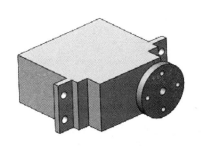

舵机(7 个)

Arduino 板(1 个)

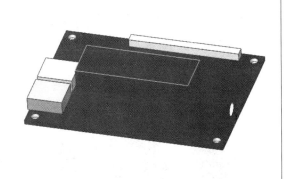

语音模块(1 个)

灯阵(1 个)

表 6 – 16（续1）

头部（1 个）

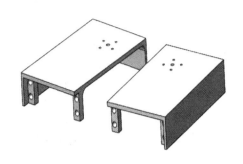

双臂（1 对）

双手（一对）

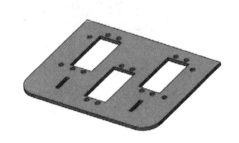

中间板（1 个）

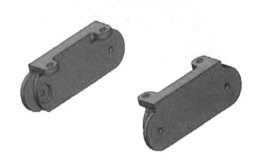

横梁（1 对）

杆（4 个）

表 6 - 16(续 2)

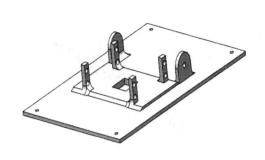	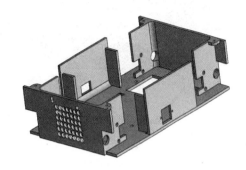
固定板(1 个)	底板(1 个)
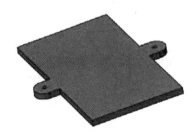	
电池盖(1 个)	封口板(1 个)
	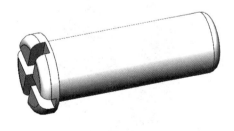
电池盒(1 个)	M3 × 10 螺丝(若干个)

表 6 − 16(续 3)

M3 螺母(若干个)

M3 ×20 螺丝(8 个)

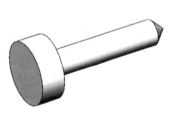

M2 ×10 自攻螺丝(13 个)

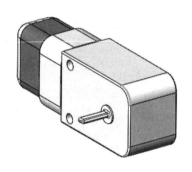

减速马达(4 个)

轮子(4 个)

M3 ×10 螺柱(2 个)

6.7.2　组装步骤

Step 1. 组装 4 个马达与轮子,如图 6 - 1 所示。

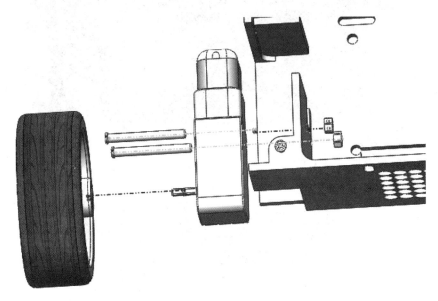

图 6 - 1　组装马达和轮子示意图

Step 2. 组装 Arduino 板和语音模块,如图 6 - 2 所示。

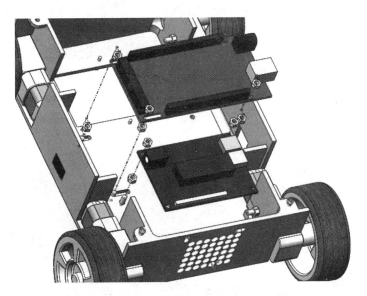

图 6 - 2　组装 Arduino 板和语音模块示意图

Step 3. 组装电池盒和电池盖,如图 6 - 3 所示。

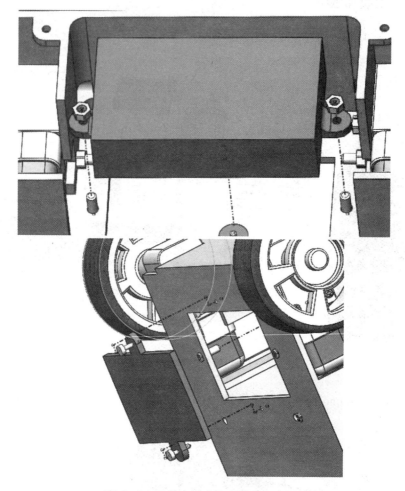

图 6 - 3 组装电池盒和电池盖示意图

Step 4. 组装灯阵和封口,安装开关,如图 6 - 4 所示。

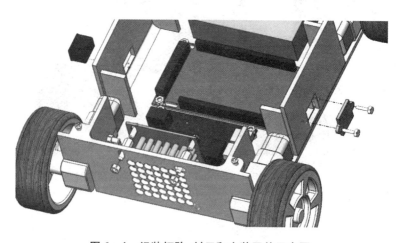

图 6 - 4 组装灯阵、封口和安装开关示意图

Step 5. 组装固定板,如图 6-5 所示。

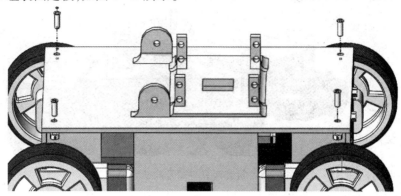

图 6-5　组装固定板示意图

Step 6. 组装舵机、杆和横梁,如图 6-6 所示。

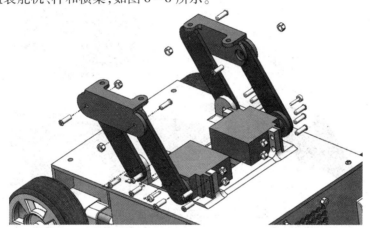

图 6-6　组装舵机、杆和横梁示意图

Step 7. 组装中间板和舵机,如图 6-7 所示。

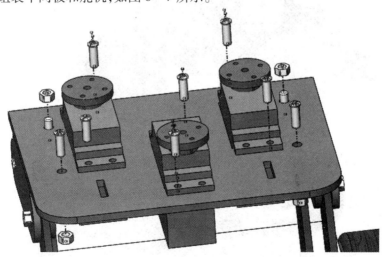

图 6-7　组装中间板和舵机示意图

Step 8. 组装两只手臂及舵机，如图 6 - 8 所示。

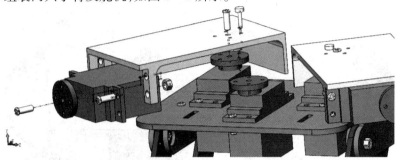

图 6 - 8　组装两只手臂及舵机示意图

Step 9. 组装双手与头部，如图 6 - 9 所示。

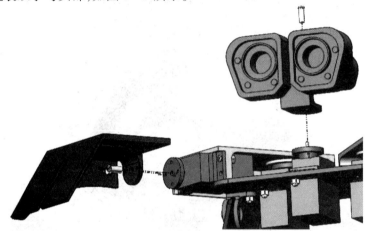

图 6 - 9　组装双手与头部示意图

Step 10. 机器人完成组装，如图 6 - 10 至图 6 - 12 所示。

图 6 - 10　组装后的机器人 3D 模拟图

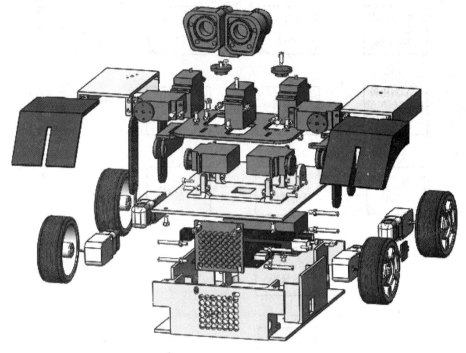

图 6 - 11　机器人零件爆炸图

图 6 - 12　机器人最终实物图

6.8　电路设计与接线

6.8.1　电路硬件系统框图

电路硬件系统框图如图 6 - 13 所示。

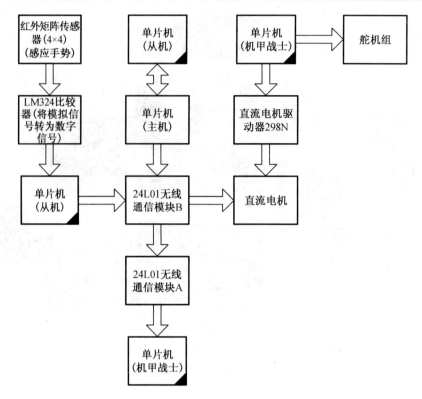

图 6 – 13 电路硬件系统框图

6.8.2 电路模块设计

1. 电源模块

本项目的红外控制板对电压要求较高,因此为了稳定输出,采用 220 V 转 12 V,再用大功率转 7 V 模块为红外控制板供电,如图 6 – 14 所示。由于大多数芯片适于 5 V 左右电压工作,所以采用 LM7805 稳压芯片进行稳压。本项目的红外灯比较多,因此采用 I^2C 总线通信,每个单片机都接一个 LM7805 进行稳压。机器人的舵机比较多,为了满足舵机供电需求,电源采用 2 个 3.7 V 4 800 mAh 的锂聚合物进行供电。

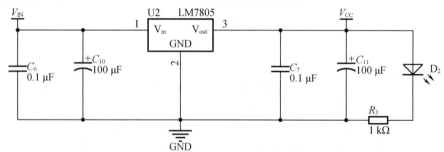

图 6 – 14 电源稳压电路(稳压 5 V)图

本项目的无线模块通信必须接 3.3 V 的稳定电压,因此采用 L1117 稳压芯片将 5 V 进行稳压,结合外部的两组陶瓷电容和电解电容进行滤波,可输出 3.3 V 的稳定电压,如图

6 – 15 所示。

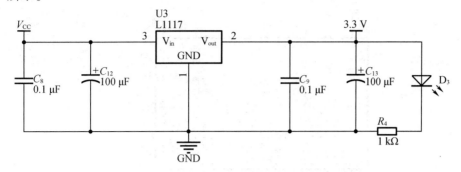

图 6 – 15　电源稳压电路(稳压 3.3 V)图

2. 无线模块

　　将主机模块接收处理后的数据无线发送到机器人驱动模块,由驱动模块中的无线模块(如图 6 – 16)进行指令接收,传送到单片机 Arduino 2560,进而控制机器人做出相应动作。

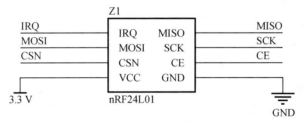

图 6 – 16　无线模块 nRF24L01 图

3. I^2C 通信模块

　　I^2C 通信模块(如图 6 – 17)将主机模块与红外手势检测模块相连接,进行数据传输。9 个红外手势检测模块均要接到主机模块,以便数据传输。

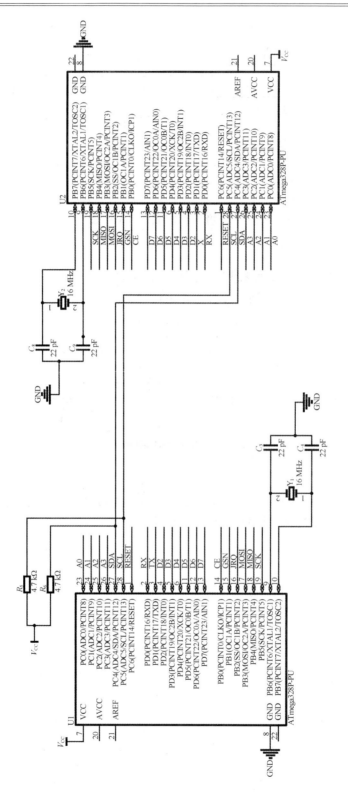

图6-17 I²C通信模块（部分）电路图

4. 红外手势检测模块

红外手势检测模块电路如图 6 – 18 所示,其中图 6 – 18(b)的发射和接收电路共有 16 个。

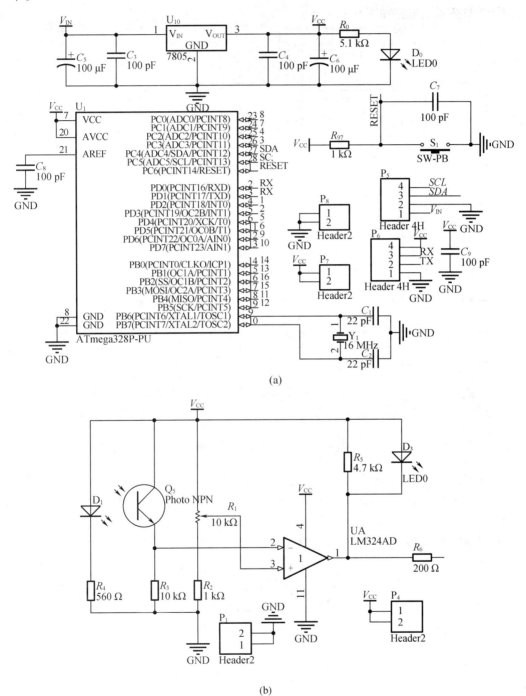

(a)

(b)

图 6 – 18　红外手势检测模块电路图

(a)Arduino 最小系统电路图;(b)红外发射接收模块电路图

通过红外对管检测被遮挡的部位,并将模拟信号输出给 LM339,LM339 对比红外接收管的电压与电位器的电压,将红外接收管的模拟信号变为数字信号并传给单片机。

5. 6×7 灯阵模块

6×7 灯阵模块电路如图 6-19 所示。

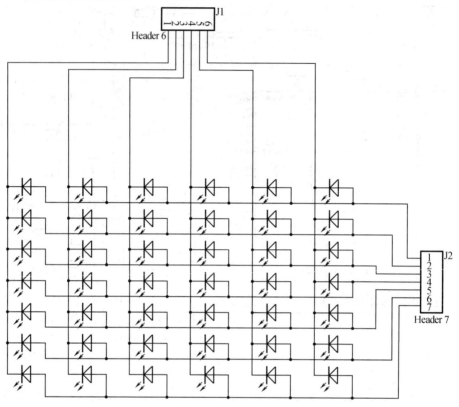

图 6-19　6×7 灯阵模块电路图

6×7 灯阵依次闪烁不同图案,产生炫酷效果。利用人眼影像暂留原理,动态显示图案。每行或每列均接 Arduino 2560 开发板的一个 I/O 口。第一行接 A9,第二行接 A10,第三行接 A11,第四行接 A12,第五行接 A13,第六行接 A14;第一列接 D22,第二列接 D21,第三列接 D20,第四列接 D19,第五列接 D18,第六列接 D17,第七列接 D16。

6. 驱动模块

驱动模块电路如图 6-20 所示,其作用是驱动小车前进,控制机甲战士产生动作。

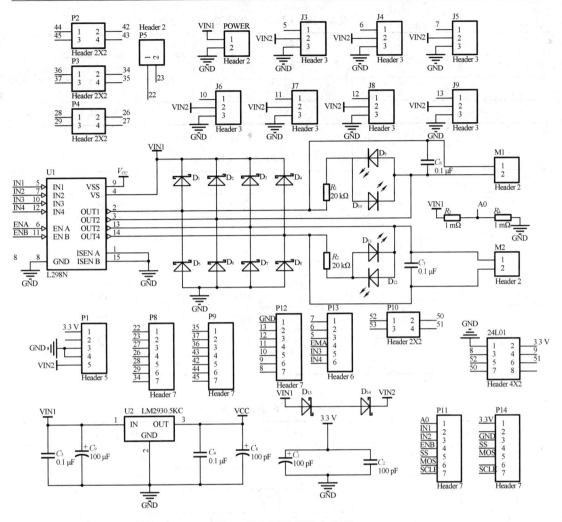

图 6 – 20　驱动模块电路图

6.8.3　接线总表

接线表如表 6 – 17 至表 6 – 21 所示。

表 6 – 17　LM7805 引脚定义

序号	引脚名称	说明
1	V_{in}	电源输入端
2	GND	接地端
3	V_{out}	电源输出端

表 6 - 18　L1117 引脚定义

序号	引脚名称	说明
1	GND	接地端
2	V_{out}	电源输出端
3	V_{in}	电源输入端

表 6 - 19　nRF24L01 无线模块引脚

序号	引脚名称	说明	Arduino 328 对应引脚	Arduino 2560 对应引脚
1	GND	接地	GND	GND
2	VCC	电源输入	3.3 V	3.3 V
3	CE	使能发射或接收	D8	D8
4	CSN	片选信号	D9	D9
5	SCK	时钟信号	D13	D52
6	MOSI	数据输入	D11	D51
7	MISO	数据输出	D12	D50
8	IRQ	中断标志位	D10	D10

表 6 - 20　I^2C 通信模块

主机 Arduino 328 对应引脚	从机 Arduino 328 对应引脚
A4	A4
A5	A5
VCC	VCC
GND	GND

表 6 - 21　红外手势检测模块

红外手势检测模块引脚定义	从机 Arduino 328 对应引脚
1	2
2	3
3	A3
4	A2
5	4
6	5
7	A1
8	A0
9	6
10	7

表 6 - 21（续）

红外手势检测模块引脚定义	从机 Arduino 328 对应引脚
11	12
12	13
13	9
14	8
15	11
16	10

6.9　软　件　设　计

6.9.1　程序设计思想

1. 根据执行顺序程序大体可分为三个模块

（1）模块一

红外灯的数据接收，被遮挡的红外灯与没被遮挡的红外灯分别以两个不同数字存入一个三维数组。

（2）模块二

无线通信数据传输，利用无线通信实现远距离操控机器人。

（3）模块三

机器人运动模块，机器人自红外模块接收数据执行不同类型的动作，包括直走、左转、右转、后退变身、变身还原、左手甩动、右手甩动。

2. 总体思想

①模块跳转流程为：红外灯接收并处理数据，通过无线通信模块传输处理结果，机器人接收结果后执行各种动作。

②模块的跳转通过模块二的无线通信实现。

③红外模块接收的数据存储于一个三维数组，处理后得到变量 action 的不同数值。

④action 的值可为 0,1,2,3,4,5,6,7，依次表示为停止、左转、右转、前进、后退、变形为机器人（还原为小车）、右手甩动、左手甩动。当 action = speed 时，默认为前进。

6.9.2　程序流程图

程序流程如图 6 - 21 至图 6 - 23 所示。

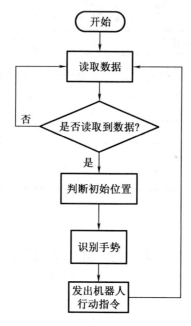

图6-21 主程序流程图

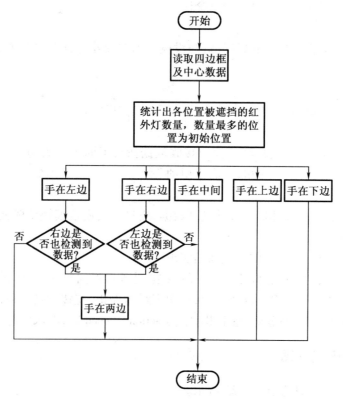

图6-22 判断初始位置流程图

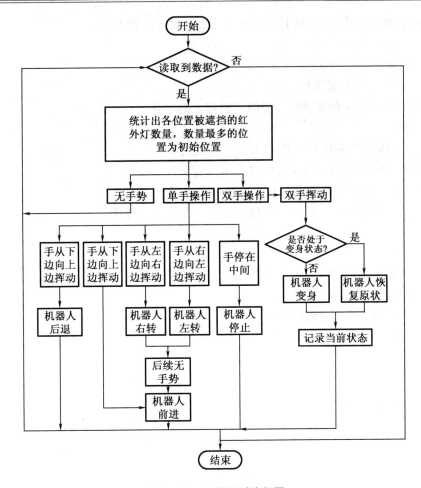

图6-23　手执识别流程图

6.9.3　算法设计

1. 红外灯的数据记忆算法

利用一个三维数组存放所有红外灯的状态(有无被遮挡),计算红外灯被遮挡的数目并存放在 ZeroCount 变量中。记录每一组最左边被遮挡的红外灯的位置和最后一组最左边被遮挡的红外灯的位置并存放在 TempZeroCount 和 FinalLocation 变量中。

2. 手势的数量及方位判定算法

红外灯数据接收完毕并构成以整个红外模块组合板为基础的三维数组时,判定并计算左、中、右三部分的红外灯被遮挡的数量,最后确定手势的数量及方位:无手势、单手(左、中、右)、双手。

3. 手势判定算法

判定以红外模块为基础形成的数组 reft[ ]、right[ ]、ahead[ ]内第一个不为0的位置,且当 left[temp] - left[temp] > 0 或 right[temp] - right[temp] > 0 或 ahead[temp] - ahead[temp] > 0 成立时,执行 LeftIndex + + ,RightIndex + + 和 index + + 。否则执行 LeftIndex - - ,RightIndex - - 或 index + + 。检验 LeftIndex 或 RightIndex 大小以判定手势。

如:(由于判定方法一样,故 LeftInedx 和 RightIndex 统称 Index)

Index >0,判定为手势向下

Index <0,判定为手势向上

Index = =0,判定为无手势

手势判定结束后组合双手的手势确定机器人的动作。

手势组合:

LeftIndex <0&&RightIndex <0,机器人执行变身操作

LeftIndex >0&&RightIndex >0,机器人执行变身还原操作

LeftIndex = =0&&RightIndex <0,机器人执行右手甩动操作

LeftIndex <0&&RightIndex = =0,机器人执行左手甩动操作

index 部分:

当 index >0,机器人执行后退操作

当 index <0,机器人执行加速操作

当 index = =0,机器人停止运动

第7章

智能婴儿监视器

7.1　设计理念

目前中国聋哑人已达两千万,关爱聋哑人成为当今社会的一个重要课题。聋哑人无法跟正常人一样沟通,在生活中经常被忽视甚至歧视,在婚姻上更是面临着各种尴尬。一个重要原因是在日常生活中,聋哑人与正常人、聋哑人与聋哑人之间呼叫对方与沟通信息相当不方便。另一个重要原因是聋哑人无法听见婴儿的哭声,也无法感知婴儿反应,以及是否需要照料。

随着无线技术的日益发展,无线传输技术应用越来越被各行各业所接受。虽然现在市面上有不少针对聋哑人的呼叫系统,但是专门应用于家庭生活,而且同时具备针对聋哑家庭的婴儿监护功能的设备仍未发展起来。因此,一个应用于日常家庭生活高频率呼叫,且同时具备婴儿监视功能的系统,对一个有聋哑人的家庭是十分必要的,这也是这个项目的设计理念。

智能婴儿监视玩偶可以实时监控婴儿床声音响度,并监视婴儿实时状态,如婴儿哭或婴儿附近噪声响度大时,所有家庭成员的手环都会有震动提醒并亮起对应的 LED 灯,其中母亲佩戴的手环带显示屏,可看到婴儿房内监视玩偶传回的实时图像,每个手环之间也可以相互呼叫,这为聋哑人的日常生活带来极大的方便。这款产品将使聋哑人生活能力更大程度地接近正常人,缓解聋哑人生活上的不便。

7.2　项目创新点

7.2.1　组合创新

市面上有各种各样外形的监视器,即使设计的外形再美观,都会引起被监视者的不安和反感。但本产品的被监视者是婴儿,把监视器藏匿于婴儿喜欢的玩偶中,非常自然,实现功能与趣味性的统一。将摆设的玩偶与监视器相结合,属于构造组合创新。

整套智能手环含带显示屏的手环、无显示屏的手环和婴儿监视玩偶三部分。两个无显示屏的手环没有实时监控婴儿的功能,体积较小,方便使用者根据不同需求选择,而带显示屏的手环设计为,用 nRF24L01 模块接收婴儿床及其他手环所发送的信号,并且在显示屏显示婴儿床实时的图像,该手环可监视婴儿床,也可与其他手环互相呼叫。婴儿床声音响度监控、实时图像监控与手环震动呼叫功能相结合,属于组合创新。

7.2.2 功能创新

目前市面上的手环大多以装饰为主要功能,只有少数演变成为电子产品,但在这一部分产品中,一般为检测人体各项参数的健康手环,尚未出现带有婴儿实时监视功能的手环或带有与其他手环间有呼叫功能的手环。本产品在带有婴儿实时监视功能的同时,还带有与其他手环相互呼叫的功能,属于功能创新。

7.2.3 应用创新

本产品应用了 2.4 GHz 无线视频信号收发技术。目前,市面上应用该技术的产品大多为 2.4 GHz 无线摄像头外加外形较大的接收器和显示屏,尚未出现将此技术应用于手环上的产品。本产品将 2.4 GHz 无线视频信号收发技术应用于婴儿监视玩偶及手环上,属于应用创新。

7.3 功能与预期的效果

7.3.1 作品功能介绍

1. 婴儿监视玩偶

在婴儿床的玩偶处装上声音传感器、2401 模块、摄像头及 2.4 GHz 视频发射模块,用于监视婴儿情况。婴儿哭时或婴儿所处环境嘈杂时,2401 模块会向手环发送特定信号。同时,母亲可随时随地通过玩偶实时监视婴儿情况。

2. 监视手环

有两个手环,一种带显示屏,另一种不带显示屏(仅用于相互呼叫和婴儿哭闹提醒)。其中带显示屏的手环用 nRF24L01 模块接收婴儿床及其他手环所发送的信号,并且在显示屏显示婴儿床实时的图像,该手环可监视婴儿床,也可与其他手环互相呼叫,它的功能是:

(1)接收来自婴儿床的信号,及时知道婴儿哭或婴儿所处环境嘈杂声,接收到信号后,手环振动,相应 LED 灯亮起。

(2)接收来自其他手环的信号,接收到信号后,手环振动,相应 LED 灯亮起。

(3)发射信号,呼叫其他手环,其他手环如无应答,相应 LED 灯亮起。

(4)带显示屏的手环可以接收从婴儿监视玩偶来的图像信息。

3.手机监控功能

在装有安卓系统的平板电脑或智能手机上打开 wifi 模块专用的视频软件,连上监视玩偶中的 wifi 摄像头,即可在更远的距离实时监控婴儿的情况。

7.3.2　预期达到的性能指标

(1)本产品带显示屏手环采用 3.7 V 可充电手机电池,用普通手机充电器即可充电。

(2)本产品婴儿监视玩偶采用 220 V 家庭交流电,亦可用 12 V 直流电。

(3)不带显示屏的手环采用聚合物锂电池,提供 3.7 V 电压。电池容量为 150 mAh,足够 LED 灯连续亮 100 h。

(4)本产品手环间通信无障碍情况下,范围为 0 ~ 100 m。

(5)2.4 GHz 视频传输功能,无障碍情况下,范围为 0 ~ 20 m。

(6)wifi 视频传输功能,无障碍情况下,范围为 0 ~ 30 m,可以支持一发多收。

(7)婴儿床发出响度过大警示信号功能,无障碍情况下,范围为 0 ~ 100 m。

(8)当环境声音响度超过 60 dB 时,婴儿监视玩偶向外发送警示信号。

7.3.3　环境使用要求

(1)该产品使用环境主要为室内,各手环均带可充电蓄电池和微型 USB 充电接口,可用普通手机充电器进行充电。

(2)本产品建议使用环境温度为 - 5 ~ 40 ℃。

(3)本产品建议使用环境湿度为 45% ~ 75%。

(4)本产品建议使用环境气压为 86 ~ 106 kPa。

(5)其余各环境参数均无特定限制。

7.4　解决的关键技术问题

7.4.1　手环人性化设计与其内部多电路板兼容问题

因为该产品为佩戴式产品,因此手环尺寸必须以人性化设计为原则,但手环里需要配置单片机稳压电路、2401 模块、聚合物锂电池、振子、LED 灯和按钮,特别是带 AV 显示屏的手环,还需要 2.4 寸 AV 显示屏、视频接收模块及升压模块。这需要较好的设计来合理利用空间。因此,手环的外观应设计为既贴合手腕,佩戴舒适,又空间利用合理,小巧灵活。

7.4.2　婴儿监视玩偶内部结构固定及隔绝问题

设计婴儿监视玩偶时,需要考虑如何将电路板、摄像头、nRF20L01 模块等固定,并与外部棉花、布料等隔绝。因此,在设计时应先测出玩偶尺寸,按照尺寸画出与玩偶外形基本相同的内壁,用内壁隔绝内部结构和棉花,再根据内壁画出骨架,并将骨架用于固定内壁和内部结构。

7.4.3 4 GHz 视频发射模块信号较弱问题

本产品带有 2.4 GHz 视频信号收发模块,但考虑到保持产品的协调外观,发射模块置于婴儿监视玩偶内,同时接收模块置于带显示屏手环内,这对视频信号收发造成很大影响,主要表现为显示屏闪烁,在较远处甚至接收不到信号。为解决这个问题,本项目将 2.4 GHz 无线摄像头天线加长的同时,调高了接入带显示屏手环上电路板的电压,以获得更稳定的电流。

7.5 物料清单

7.5.1 不带显示屏的手环

不带显示屏的手环物料清单如表 7-1 所示。

表 7-1 不带显示屏的手环物料清单

序号	名称	型号规格	材料性质	单位	数量	用途
1	单片机	ATMEGA328P - PU	—	块	1	主控
2	2.4 GHz 无线模块	nRF24L01	—	块	1	信号收发
3	LED	3 mm	—	个	3	指示灯
4	4 脚按键	不带自锁	—	个	2	呼叫按键
5	6 脚按键	带自锁	—	个	1	电源开关
6	手机振子	直径 1 cm	—	个	1	震动提示
7	聚合物锂电池	380 mAh	—	个	1	电源
8	microUSB 接头	—	—	个	1	插 USB 充电
9	3.3 V 稳压芯片	AMS1117	—	块	1	为电路提供稳定电压
10	电阻	5.1 kΩ	金属膜	个	2	—
11	电阻	2 kΩ	金属膜	个	3	—
12	电解电容	100 μF	—	个	2	—
13	电容	0.1 μF	陶瓷	个	2	—
14	电容	22 pF	陶瓷	个	2	—
15	晶振	16 MHz	石英	个	1	—

7.5.2 带显示屏的手环

带显示屏的手环物料清单如表 7-2 所示。

表 7 – 2　带显示屏的手环物料清单

序号	名称	型号规格	材料性质	单位	数量	用途
1	单片机	ATMEGA328P – PU	—	块	1	主控
2	5.0 V 稳压芯片	LM7805	—	块	1	稳压至 5.0 V
3	3.3 V 稳压芯片	AMS1117	—	块	1	稳压至 3.3 V
4	2.4 GHz 无线模块	nRF24L01	—	块	1	收发信息
5	升压模块		—	块	1	将电压升高到 12.0 V
6	LED	3 mm	—	个	3	指示灯
7	4 脚按键	不带自锁	—	个	2	呼叫按键
8	手机振子	直径 1 cm	—	个	1	震动提示
9	AV 信号显示屏	—	—	块	1	手环显示屏
10	手机电池	3 100 mAh	锂离子	块	1	给电路提供电源
11	排针	4 pin 单排	—	个	1	—
12	电阻	1 kΩ	金属膜	个	1	—
13	电阻	5.1 kΩ	金属膜	个	6	—
14	电容	0.1 μF	陶瓷	个	2	—
15	电容	0.01 μF	陶瓷	个	4	—
16	电解电容	10 μF	—	个	2	—
17	电解电容	47 μF	—	个	2	—
18	晶振	16 MHz	石英	个	1	—

7.5.3　婴儿监视玩偶

婴儿监视玩偶的物料清单如表 7 – 3 所示。

表 7 – 3　婴儿监视玩偶的物料清单

序号	名称	型号规格	材料性质	单位	数量	用途
1	单片机	ATMEGA328P – PU	—	块	1	主控
2	5.0 V 稳压芯片	LM7805	—	块	1	为电路提供稳定 5.0 V 电压
3	3.3 V 稳压芯片	AMS1117	—	块	1	为电路提供稳定 3.3 V 电压
4	8.0 V 稳压芯片	LM7808	—	块	1	为摄像头提供稳定 8.0 V 电压
5	升压模块	—	—	块	1	将电压升高到 12.0 V
6	2.4 GHz 无线模块	nRF2401	—	块	1	收发信息
7	声音传感器	—	—	个	1	玩偶监视器声音响度监控
8	2.4 GHz 无线摄像头（带视频接收模块）	—	—	个	1	用于采集图像并无线发射出去

表 7 - 3(续)

序号	名称	型号规格	材料性质	单位	数量	用途
9	三极管	S8050	—	个	1	摄像头的开关
10	LED	3 mm	—	个	1	指示灯
11	4 脚按键	不带自锁	—	个	1	呼叫按键
12	wifi 模块(带摄像头)	—	—	个	1	wifi 摄像头
13	毛绒玩偶	—	—	个	1	监视玩偶
14	有机玻璃	—	有机材料	块	1	玩偶眼睛
15	舵机	MG995	—	个	2	转动监视器
16	平面推力球轴承	51108	—	个	1	玩偶头部身体连接
17	2.4 GHz 无线音视频接收模块	RX2189	—	个	1	手环视频接收
18	microUSB 母头	—	—	个	4	充电接口
19	电容	0.01 μF	陶瓷	个	4	—
20	电容	0.1 μF	陶瓷	个	7	—
21	电容	104 pF	陶瓷	个	1	—
22	电容	100 pF	陶瓷	个	2	—
23	电解电容	10 μF	—	个	2	—
24	电解电容	47 μF	—	个	5	—
25	晶振	16 MHz	石英	个	1	—
26	排针	4 × 1	—		1	—
27	电阻	1 kΩ	金属膜		1	—
28	电阻	5.1 kΩ	金属膜		2	—
29	电源插口端子	—		个	1	—
30	磷酸铁锂电池	3.2 V	磷酸铁锂	个	4	—

7.6 机械零件设计图

7.6.1 头部内壁 (1)

头部内壁(1)模拟图与设计图如表 7 - 4 所示。

表 7 - 4　头部内壁(1)模拟图与设计图

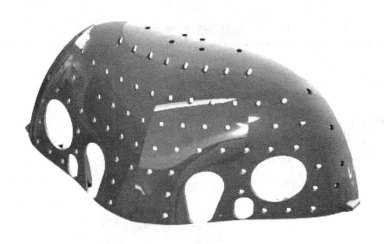

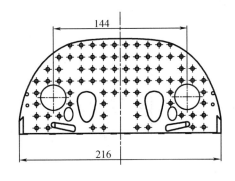

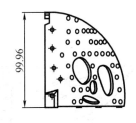

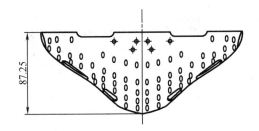

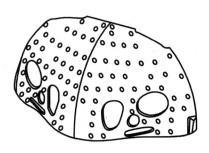

作用:玩偶内壁,用于隔绝内部结构和棉花

7.6.2 头部内壁(2)

头部内壁(2)模拟图与设计图如表 7 - 5 所示。

表 7 - 5 头部内壁(2)模拟图与设计图

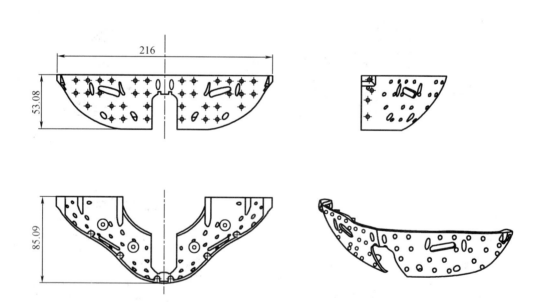

作用:玩偶内壁,用于隔绝内部结构和棉花

7.6.3　头部内壁 (3)

头部内壁(3)模拟图与设计图如表 7-6 所示。

表 7-6　头部内壁(3)模拟图与设计图

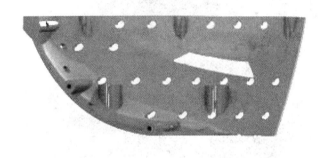

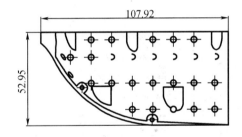 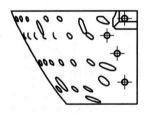

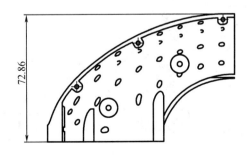 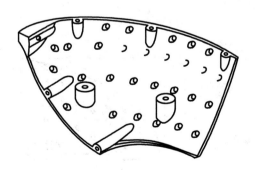

作用:玩偶内壁,用于隔绝内部结构和棉花

7.6.4 头部内壁 (4)

头部内壁(4)模拟图与设计图如表 7 - 7 所示。

表 7 - 7 头部内壁(4)模拟图与设计图

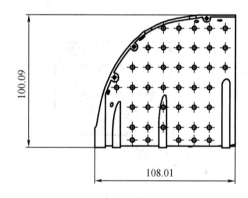

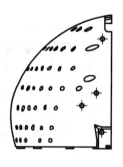

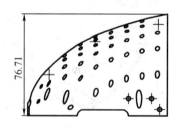

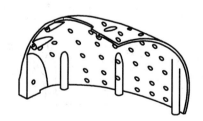

作用:玩偶内壁,用于隔绝内部结构和棉花

7.6.5　头部内壁（5）

头部内壁(5)模拟图与设计图如表 7 - 8 所示。

表 7 - 8　头部内壁(5)模拟图与设计图

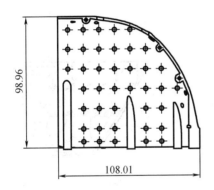

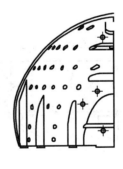

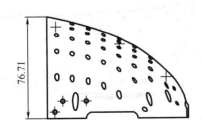

作用：玩偶内壁，用于隔绝内部结构和棉花

7.6.6 头部内壁(6)

头部内壁(6)模拟图与设计图如表7-9所示。

表7-9 头部内壁(6)模拟图与设计图

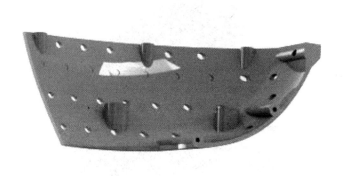

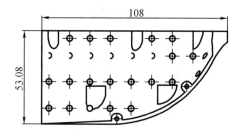

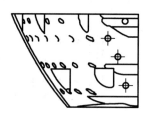

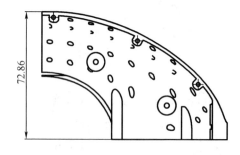

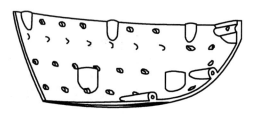

作用:玩偶内壁,用于隔绝内部结构和棉花

7.6.7　身体内壁(1)

身体内壁(1)模拟图与设计图如表 7 - 10 所示。

表 7 - 10　身体内壁(1)模拟图与设计图

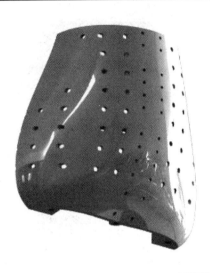

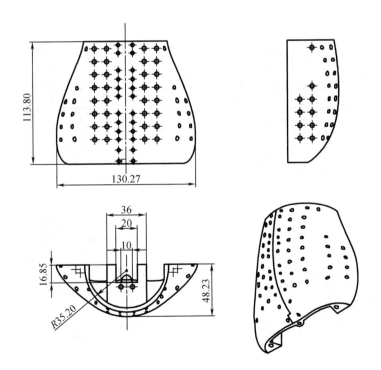

作用:玩偶内壁,用于隔绝内部结构和棉花

7.6.8　身体内壁(2)

身体内壁(2)模拟图与设计图如表 7 - 11 所示。

表 7 - 11　身体内壁(2)模拟图与设计图

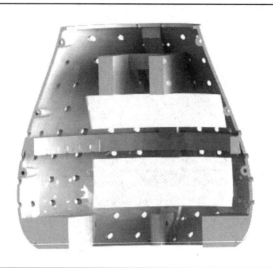

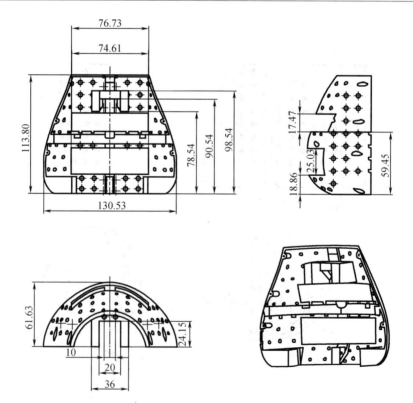

作用:玩偶内壁,用于隔绝内部结构和棉花

7.6.9 身体内部固定架

身体内部固定架模拟图与设计图如表 7 - 12 所示。

表 7 - 12 身体内部固定架模拟图与设计图

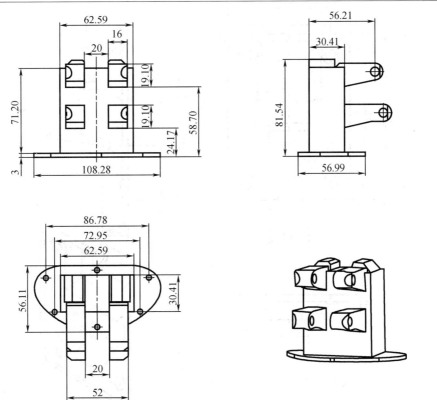

作用:用于固定身体内壁

7.6.10 身体墙上固定架

身体墙上固定架模拟图与设计图如表 7 – 13 所示。

表 7 – 13 身体墙上固定架模拟图与设计图

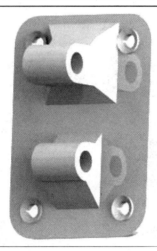

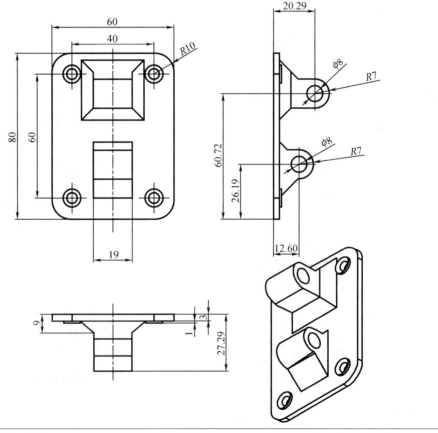

作用:在墙上固定玩偶

7.6.11 身体立式固定架

身体立式固定架模拟图与设计图如表 7 – 14 所示。

表 7 – 14 身体立式固定架模拟图与设计图

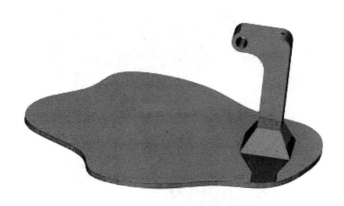

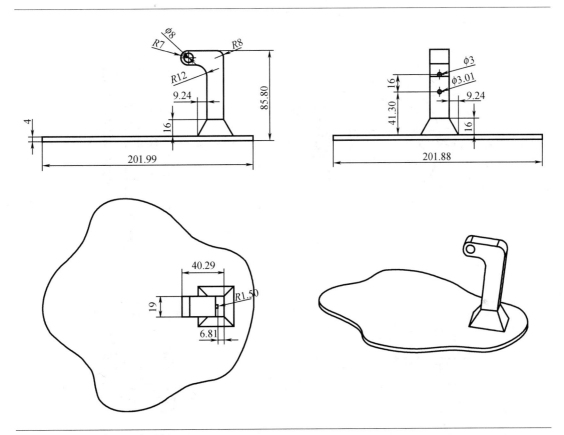

作用:在固定平台上固定玩偶

7.6.12　颈部舵机固定架(1)

颈部舵机固定架(1)模拟图与设计图如表 7 – 15 所示。

表 7 – 15　颈部舵机固定架(1)模拟图与设计图

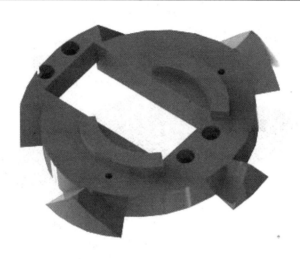

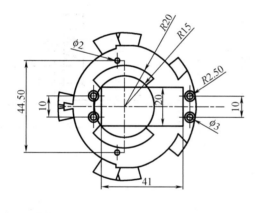

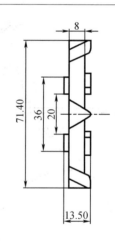

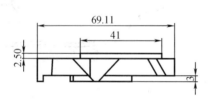

作用:固定颈部舵机

7.6.13　颈部舵机固定架(2)

颈部舵机固定架(2)模拟图与设计图如表 7 – 16 所示。

表 7 – 16　颈部舵机固定架(2)模拟图与设计图

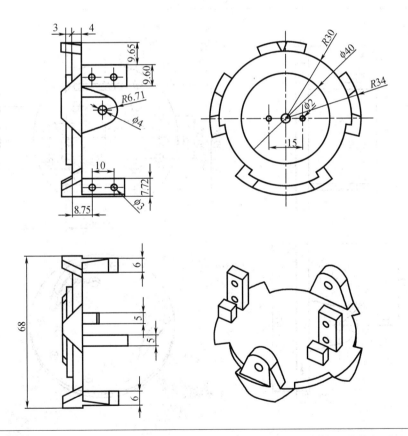

作用:固定颈部舵机

7.6.14 颈部固定架

颈部固定架模拟图与设计图如表 7 – 17 所示。

表 7 – 17 颈部固定架模拟图与设计图

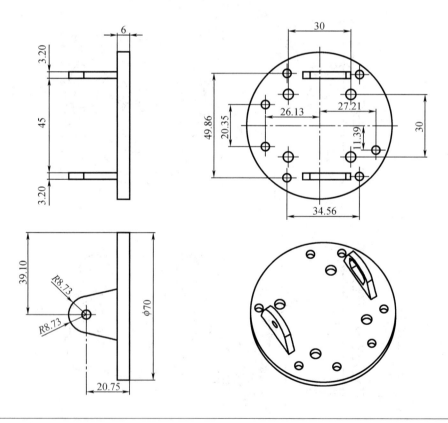

作用:固定颈部,进而固定头部

7.6.15 2.4 GHz 摄像头固定架

2.4 GHz 摄像头固定架模拟图与设计图如表 7 – 18 所示。

表 7 – 18　2.4 GHz 摄像头固定架模拟图与设计图

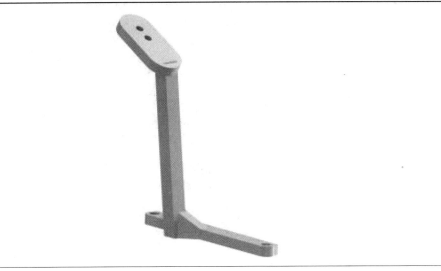

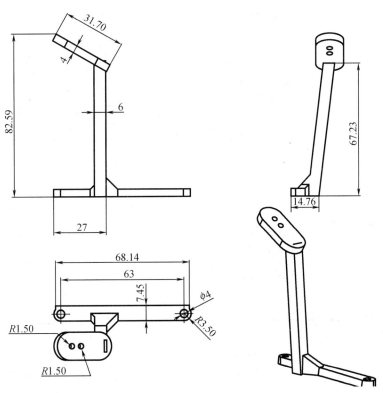

作用:固定 2.4 GHz 摄像头

7.6.16 wifi 模块、声音传感器模块固定架

wifi 和声音传感器模块固定架模拟图与设计图如表 7 – 19 所示。

表 7 – 19　wifi 和声音传感器模块固定架模拟图与设计图

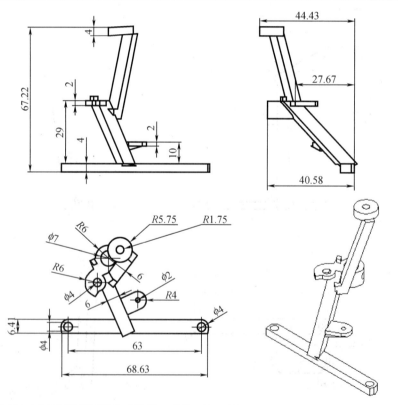

作用:固定 wifi 模块和声音传感器

7.6.17　电路板 1 固定架

电路板 1 固定架模拟图与设计图如表 7 – 20 所示。

表 7 – 20　电路板 1 固定架模拟图与设计图

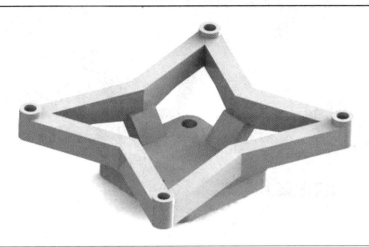

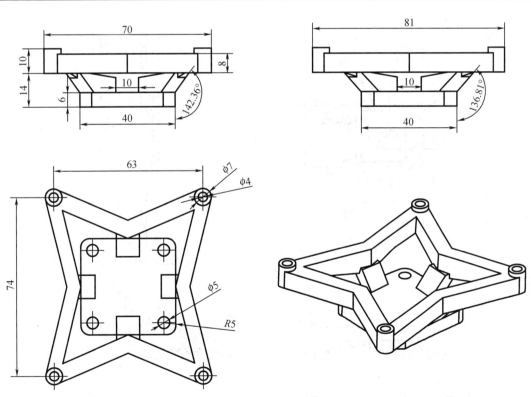

作用：固定电路板 1

7.6.18 颈部头部连接件

颈部头部连接件模拟图与设计图如表 7 – 21 所示。

表 7 – 21 颈部头部连接件模拟图与设计图

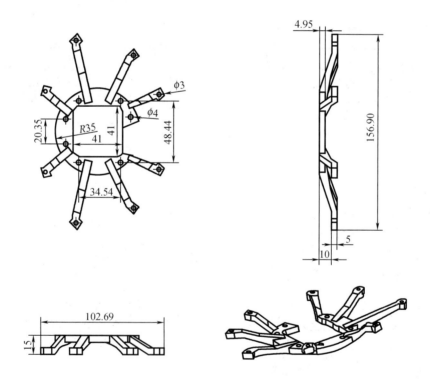

作用:固定颈部头部

7.6.19　电路板 2 支撑架

电路板 2 支撑架模拟图与设计图如表 7 - 22 所示。

表 7 - 22　电路板 2 支撑架模拟图与设计图

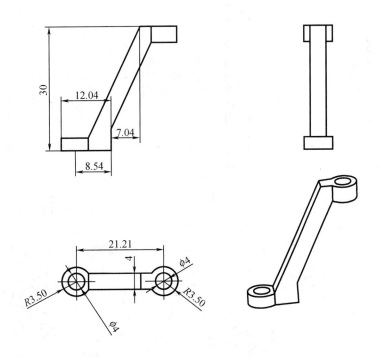

作用:固定电路板 2

7.6.20 摄像头固定架

摄像头固定架模拟图与设计图如表7-23所示。

表7-23 摄像头固定架模拟图与设计图

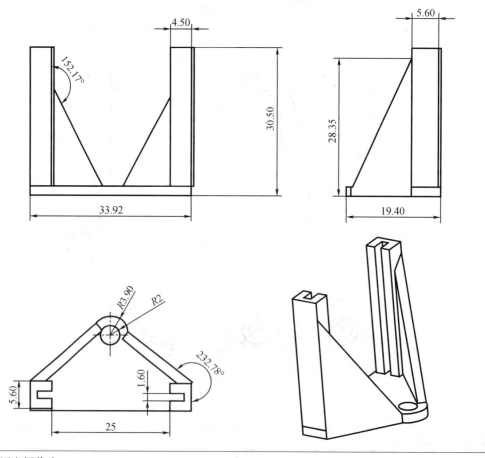

作用:固定摄像头

7.6.21　带显示屏的手环外壳 1

带显示屏的手环外壳 1 模拟图与设计图如表 7 – 24 所示。

表 7 – 24　带显示屏的手环外壳 1 模拟图与设计图

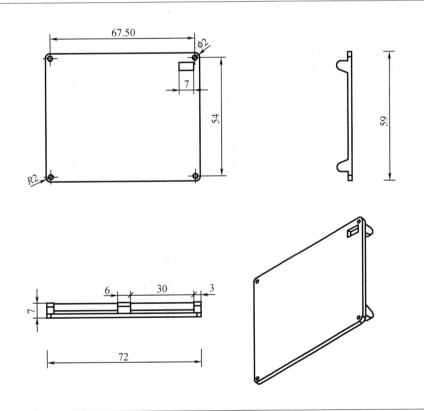

作用:作为带显示屏的手环外壳

7.6.22 带显示屏的手环外壳2

带显示屏的手环外壳2模拟图与设计图如表7-25所示。

表7-25 显示屏的手环外壳2模拟图与设计图

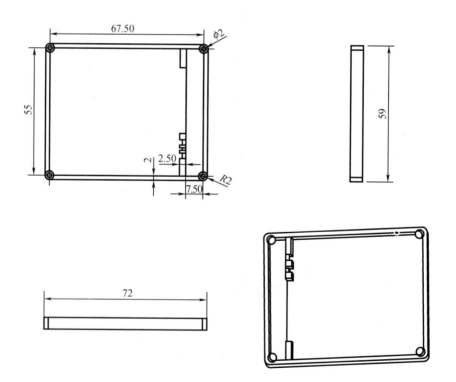

作用:作为带显示屏的手环外壳

7.6.23　带显示屏的手环外壳 3

带显示屏的手环外壳 3 模拟图与设计图如表 7 - 26 所示。

表 7 - 26　带显示屏的手环外壳 3 模拟图与设计图

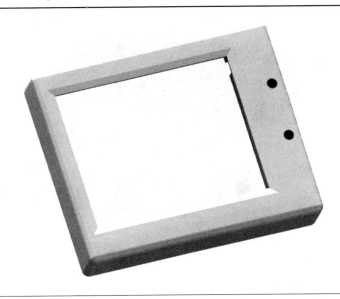

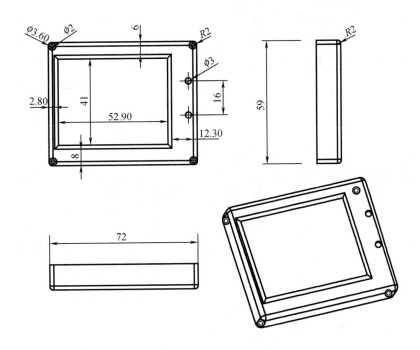

作用:用于固定显示屏

7.6.24　带显示屏的手环外壳4

带显示屏的手环外壳4模拟图与设计图如表7-27所示。

表7-27　带显示屏的手环外壳4模拟图与设计图

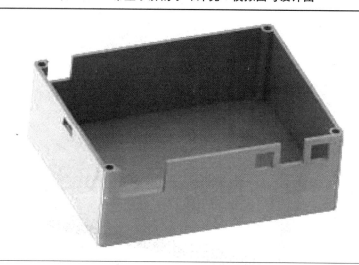

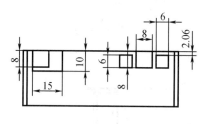
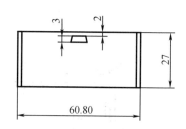

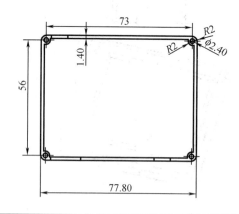
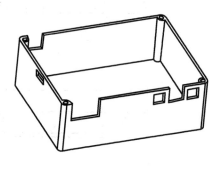

作用:作为显示屏的手环外壳,用于放置电池和电路板

7.6.25　带显示屏的手环外壳 5

带显示屏的手环外壳 5 的模拟图与设计图如表 7 – 28 所示。

表 7 – 28　带显示屏的手环外壳 5 的模拟图与设计图

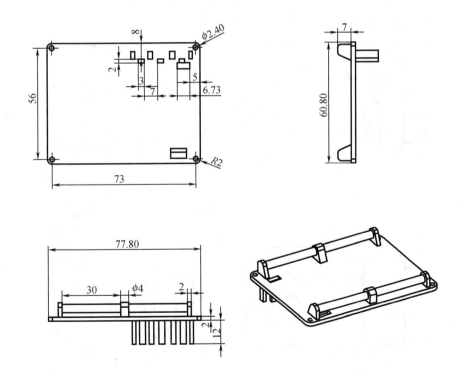

作用:作为带显示屏的手环外壳

7.6.26 不带显示屏的手环外壳1

不带显示屏的手环外壳1模拟图与设计图如表7-29所示。

表7-29 不带显示屏的手环外壳1模拟图与设计图

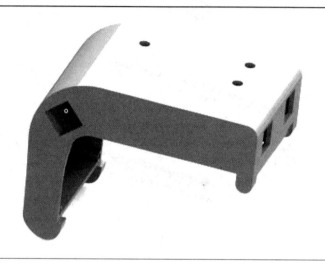

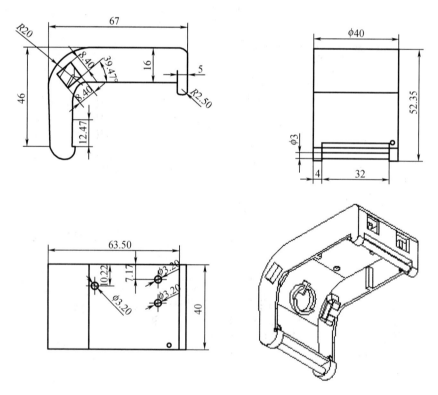

作用:作为不带显示屏的手环外壳上盖

7.6.27　不带显示屏的手环外壳 2

不带显示屏的手环外壳 2 模拟图与设计图如表 7 – 30 所示。

表 7 – 30　不带显示屏的手环外壳 2 模拟图与设计图

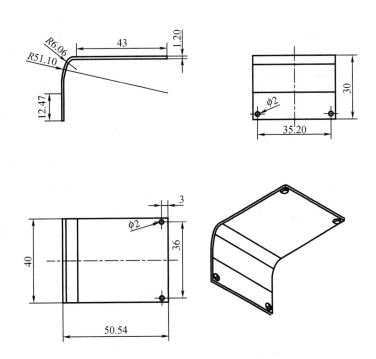

作用:作为不带显示屏的手环外壳下盖

7.6.28 玩偶书包1

玩偶书包1模拟图与设计图如表7-31所示。

表7-31 玩偶书包1模拟图与设计图

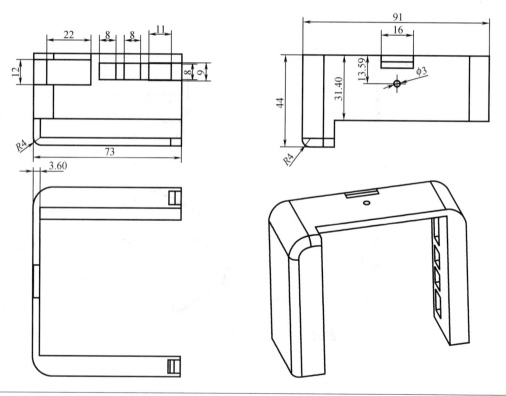

作用:固定玩偶端所有开关

7.6.29　玩偶书包 2

玩偶书包 2 模拟图与设计图如表 7 – 32 所示。

表 7 – 32　玩偶书包 2 模拟图与设计图

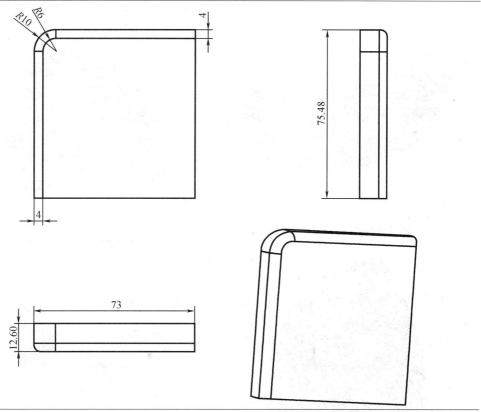

作用:遮掩电池盒

7.7　产品组装说明

7.7.1　婴儿监视玩偶零件清单

婴儿监视玩偶零件清单如表 7 – 33 所示。

表 7 – 33　婴儿监视玩偶零件清单

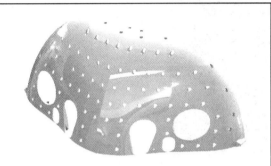

头部内壁（1）（1 个）

头部内壁（2）（1 个）

头部内壁（3）（1 个）

头部内壁（4）（1 个）

头部内壁（5）（1 个）

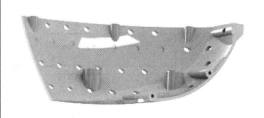

头部内壁（6）（1 个）

表 7 – 33（续 1）

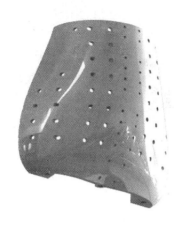

身体内壁（1）（1 个）

身体内壁（2）（1 个）

身体内部固定架（1 个）

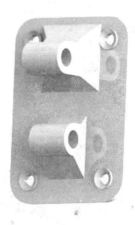

身体墙上固定架（1 个）

身体立式固定架（1 个）

颈部舵机固定架（1）（1 个）

表 7 – 33(续 2)

颈部舵机固定架 (2)(1 个)

颈部固定架(1 个)

2.4 GHz 摄像头固定架(1 个)

wifi 和声音传感器模块固定架(1 个)

电路板固定架(1 个)

颈部头部连接件(1 个)

表 7 - 33(续 3)

电路板 2 支撑架(4 个)

wifi 摄像头固定架(1 个)

声音传感器(1 个)

2401 供电电路(1 个)

wifi 摄像头(1 个)

舵机驱动电路(1 个)

表 7 – 33(续 4)

nRF24L01 摄像头 1(1 个)

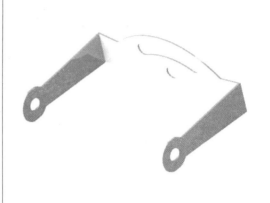

nRF24L01 摄像头 2(1 个)

舵机(2 个)

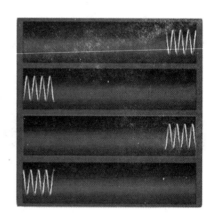

电池盒(1 个)

M2 × 6 自攻螺丝(26 个)

M3 × 10 螺栓(36 个)

表 7 - **33**(续 5)

M3 ×10 螺栓(8 个)

M8 ×60 螺栓(2 个)

M3 ×10 自攻螺丝(14 个)

M8 螺母(2 个)

M3 螺母(44 个)

M4 ×10 自攻螺丝(8 个)

表 7 – 33（续 6）

	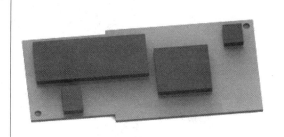
M5 × 10 自攻螺丝(8 个)	wifi 模块(1 个)

玩偶书包	玩偶书包盖子

7.7.2　带显示屏的手环零件清单

带显示屏的手环零件清单如表 7 – 34 所示。

表 7 – 34　带显示屏的手环零件清单

M2 × 6 自攻螺丝(26 个)	带显示屏的手环外壳 1(1 个)

表 7 - 34(续 1)

带显示屏的手环外壳 2(1 个)

带显示屏的手环外壳 3(1 个)

带显示屏的手环外壳 4(1 个)

带显示屏的手环外壳 5(1 个)

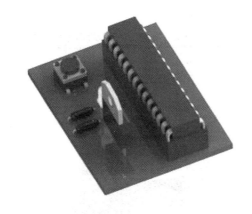

手环电路板 1(1 块)

显示屏(1 块)

表 7 – 34(续 2)

手机电池(1 个)	升压模块(1 个)

7.7.3　不带显示屏的手环零件清单

不带显示屏的手环零件清单如表 7 – 35 所示。

表 7 – 35　不带显示屏的手环零件清单

不带显示屏的手环外壳 1(1 个)	不带显示屏的手环外壳 2(1 个)

M2 ×6 自攻螺丝(4 个)	手环按钮(2 个)

表 7-35(续)

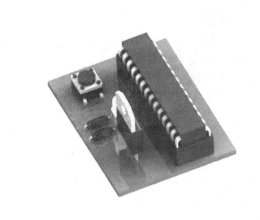	
手环电路板 1(1 块)	聚合物锂电池(1 块)

7.7.4　玩偶身体装配

Step 1. 如图 7-1 所示,组合身体内壁(1)和身体内壁(2),并用自攻螺丝固定。

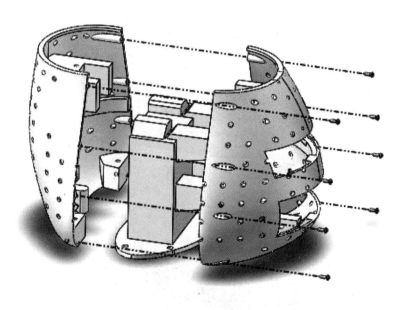

图 7-1　组装监视玩偶身体内壁示意图

Step 2. 如图 7 - 2 所示,组合身体内壁和身体内部固定架,并用自攻螺丝固定。

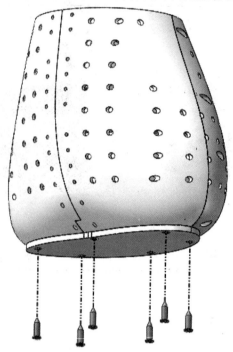

图 7 - 2　安装玩偶身体内部固定架示意图

Step 3. 如图 7 - 3 所示,用自攻螺丝连接身体内壁、舵机和颈部舵机固定架(1)。

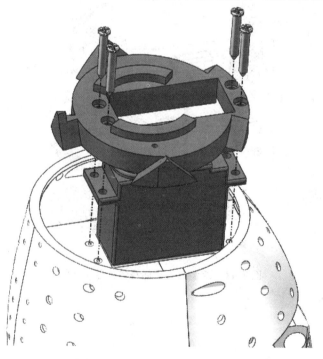

图 7 - 3　连接玩偶身体内壁及固定舵机示意图

Step 4. 如图 7 − 4 所示,在颈部舵机固定架(1)上安装推力球轴承。

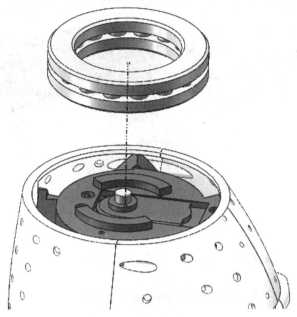

图 7 − 4　安装颈部轴承示意图

7.7.5　玩偶头部装配

Step 1. 如图 7 − 5 所示,组合颈部舵机固定架(2)和摇臂,并用自攻螺丝固定。

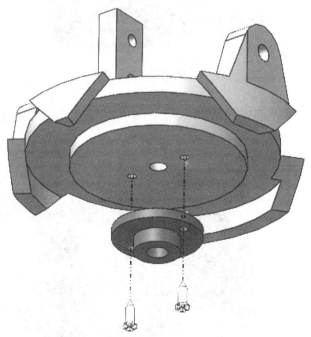

图 7 − 5　组合舵机固定架 2 和摇臂示意图

Step 2. 如图 7 - 6 所示,组装舵机、摇臂 2 和颈部固定架。

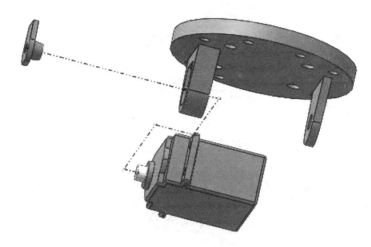

图 7 - 6   组装舵机、摇臂 2 和颈部固定架示意图

Step 3. 用螺栓、螺母将舵机固定在颈部舵机固定架 (2)上,如图 7 - 7 所示。

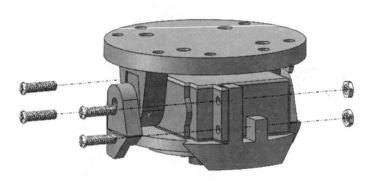

图 7 - 7   固定颈部舵机示意图

Step 4. 用螺栓、螺母将舵机和颈部固定架固定在颈部舵机固定架 (2)上,如图 7 - 8 所示。

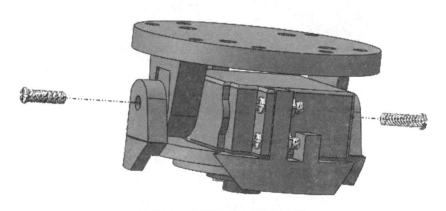

图 7 - 8   安装颈部固定架示意图

Step 5. 如图 7 - 9 所示,组合颈部固定架和颈部头部连接件,并用自攻螺丝固定。

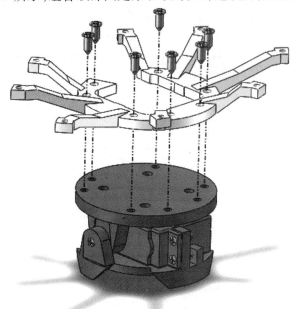

图 7 - 9　安装颈部头部连接件示意图

Step 6. 如图 7 - 10 所示,组合颈部固定架和电路板固定架,并用自攻螺丝固定。

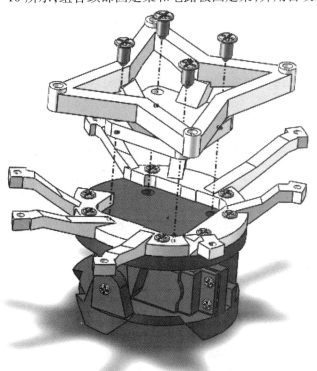

图 7 - 10　安装颈部固定架示意图

Step 7. 通过安装孔用螺栓、螺母将 nRF24L01 供电电路、2.4 GHz 摄像头固定架、wifi 模块、声音传感器模块固定架和电路板 2 支撑架固定在电路板固定架上,如图 7 – 11 所示。

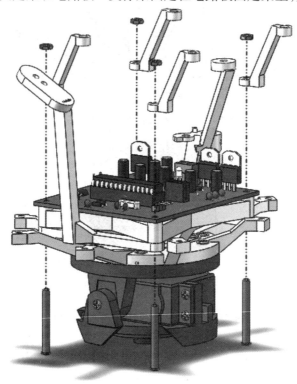

图 7 – 11　安装电路板 2 支撑架示意图

Step 8. 把舵机驱动电路安装到电路板 2 支撑架上,如图 7 – 12 所示。

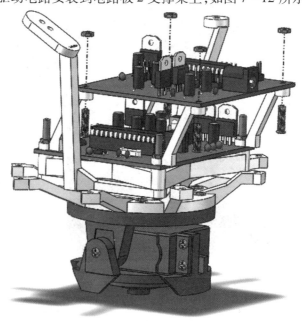

图 7 – 12　安装电路板 2 示意图

Step 9. 用螺栓、螺母将摄像头架固定在 2.4 GHz 摄像头固定架上,如图 7 - 13 所示。

图 7 - 13　安装 2.4 GHz 摄像头固定架示意图

Step 10. 用螺丝将摄像头安装到摄像头固定架上,如图 7 - 14 所示。

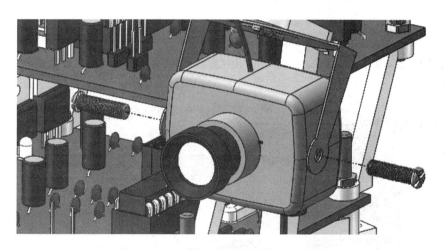

图 7 - 14　安装 2.4 GHz 摄像头示意图

Step 11. 用自攻螺丝将 wifi 模块安装到 wifi 模块、声音传感器模块固定架上,如图 7 - 15 所示。

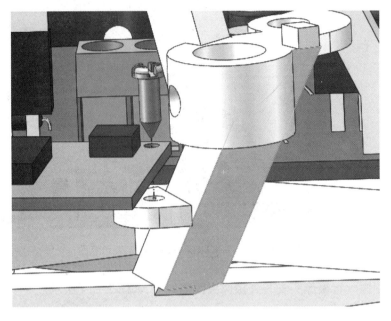

图 7 – 15　安装 **wifi** 模块示意图

Step 12. 将 wifi 模块天线安装到 wifi 和声音传感器模块固定架上,并用螺丝上紧,如图 7 – 16 所示。

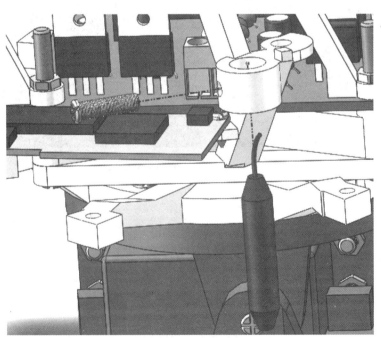

图 7 – 16　安装 **wifi** 模块天线示意图

Step 13. 用螺栓、螺母将摄像头固定架安装到 wifi 模块和声音传感器模块固定架上,如图7－17所示。

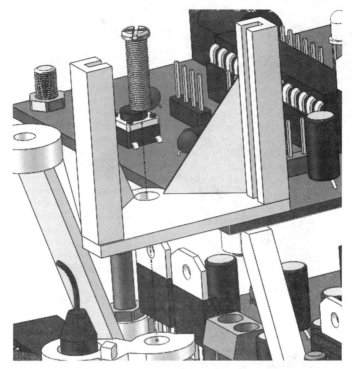

图 7－17　安装 wifi 摄像头固定架示意图

Step 14. 如图 7－18 所示,安装摄像头。

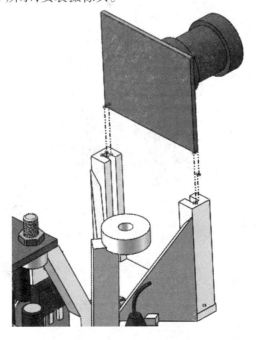

图 7－18　安装 wifi 摄像头示意图

Step 15. 用螺栓、螺母将声音传感器安装到 wifi 模块和声音传感器模块固定架上，如图 7 – 19 所示。

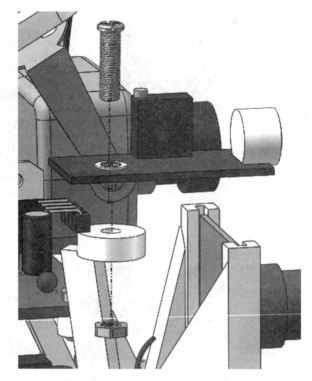

图 7 – 19　安装声音传感器模块示意图

Step 16. 如图 7 – 20 所示，组合头部内壁（1）、头部内壁（2）和头部内壁（3），并用自攻螺丝固定。

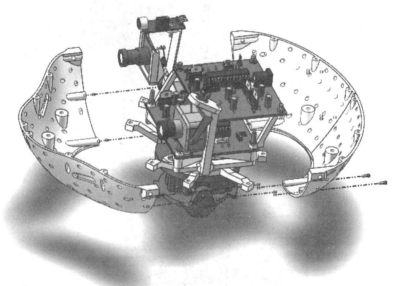

图 7 – 20　组合玩偶头部内壁示意图

Step 17. 如图 7 – 21 所示,组合头部内壁(1)、头部内壁(2)、头部内壁(3)和头部颈部连接件,并用自攻螺丝固定。

图 7 – 21　连接头部内壁和头颈部连接件示意图

Step 18. 如图 7 – 22 所示,组合头部内壁(4)、头部内壁(5)和头部内壁(6),并用自攻螺丝固定。

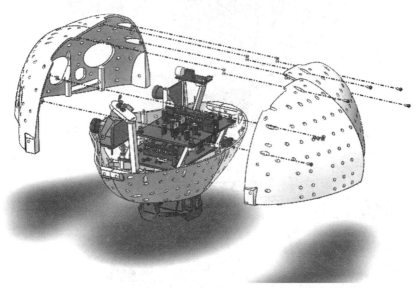

图 7 – 22　安装头部内壁上壳示意图

Step 19. 如图 7 – 23 所示,组合全部头部内壁,并用自攻螺丝固定。

图 7 – 23　螺丝固定头部内壁示意图

7.7.6　玩偶总体装配

Step 1. 如图 7 – 24 所示,组合玩偶头部和玩偶身体。

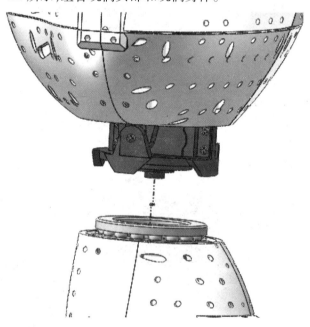

图 7 – 24　组合玩偶头部与身体示意图

Step 2. 用螺栓、螺母将玩偶安装到立式固定架上,如图 7－25 所示。

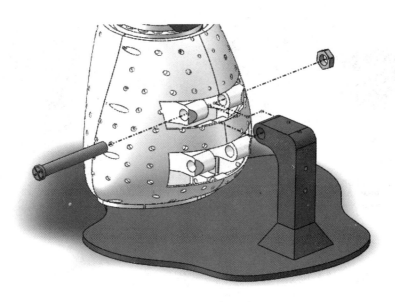

图 7－25　固定玩偶示意图

Step 3. 用自攻螺丝将玩偶安装到立式固定架上,如图 7－26 所示。

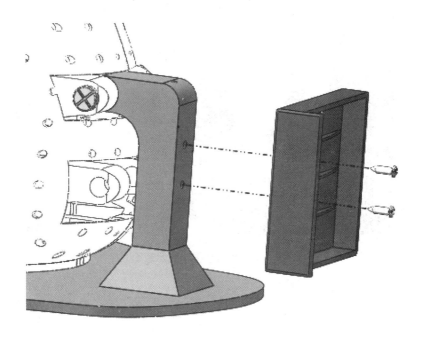

图 7－26　安装电源接口示意图

Step 4. 将按钮、电源插口安装到立式固定架上,如图 7 – 27 所示。

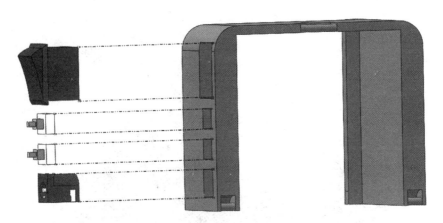

图 7 – 27　安装插口及按钮示意图

Step 5. 用自攻螺丝将玩偶书包安装到立式固定架上,如图 7 – 28 所示。

图 7 – 28　安装玩偶书包示意图

Step 6. 用热熔胶将电池盒盖安装到玩偶书包盖上，如图 7 - 29 所示。

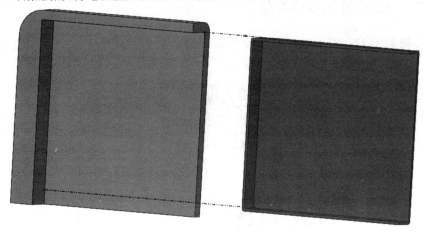

图 7 - 29　固定电池盒盖示意图

Step 7. 将玩偶书包盖安装到玩偶书包上，如图 7 - 30 所示。

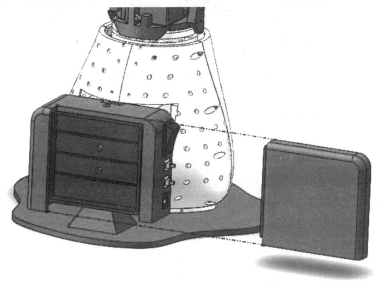

图 7 - 30　安装玩偶书包盖示意图

7.7.7 带显示屏的手环装配

Step 1. 将 LED 灯、按钮、振子分别安装在带显示屏的手环外壳 3 的相应位置上,如图 7 –31所示。

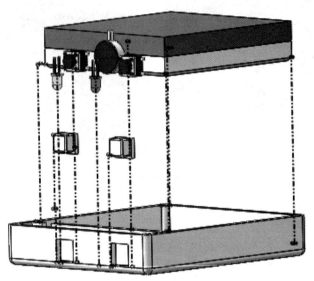

图 7 –31 安装各元件及按钮示意图

Step 2. 组合带显示屏的手环外壳 2 和带显示屏的手环外壳 3,并安装上手机电池,如图 7 –32 所示。

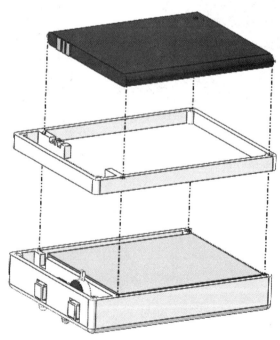

图 7 –32 安装手环外壳 2 及电池示意图

Step 3. 组合带显示屏的手环外壳 1 和带显示屏的手环外壳 2,并用自攻螺丝固定,如图 7－33 所示。

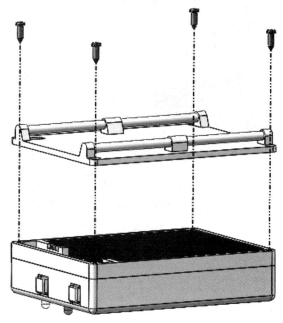

图 7－33　安装手环外壳 1 示意图

Step 4. 将电路板安装在带显示屏的手环外壳 4 上,并用自攻螺丝固定,如图 7－34 所示。

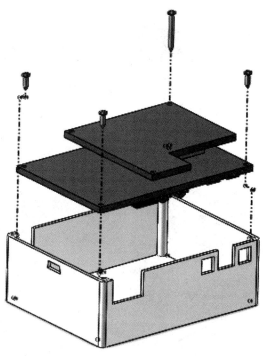

图 7－34　安装电路板示意图

Step 5. 将升压模块安装在带显示屏的手环外壳 4 上,并用自攻螺丝固定,如图 7 – 35 所示。

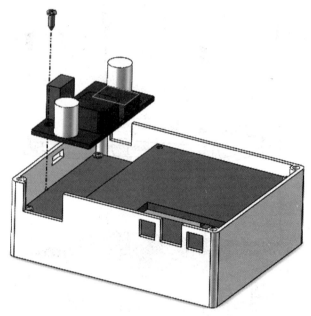

图 7 – 35 安装升压模块示意图

Step 6. 将开关分别安装在带显示屏的手环外壳 4 的相应位置上,如图 7 – 36 所示。

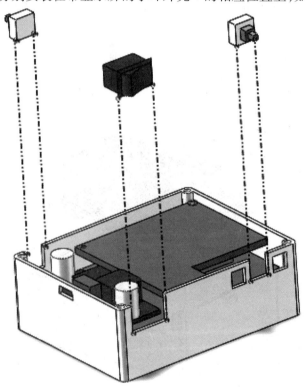

图 7 – 36 安装开关示意图

Step 7. 将手环按钮安装在带显示屏的手环外壳 4 的相应位置上,如图 7 – 37 所示。

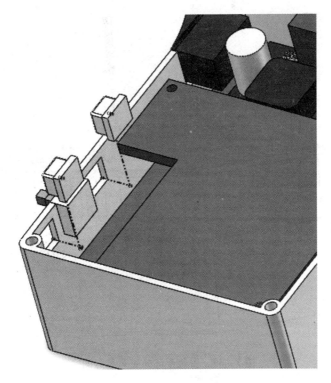

图 7 – 37　安装按钮示意图

Step 8. 将按钮固定在带显示屏的手环外壳 5 的相应位置上,如图 7 – 38 所示。

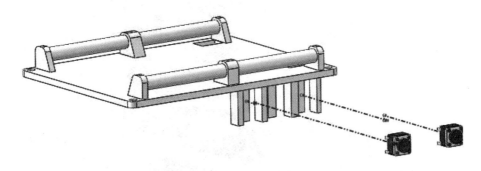

图 7 – 38　安装复位开关示意图

Step 9. 组合带显示屏的手环外壳 4 和带显示屏的手环外壳 5,并用自攻螺丝固定,如图 7 - 39 所示。

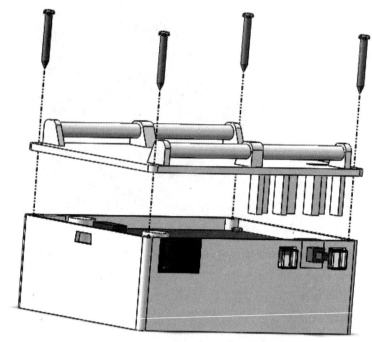

图 7 - 39　安装手环外壳 5 示意图

Step 10. 带显示屏的手环零件爆炸效果图如图 7 - 40 所示。

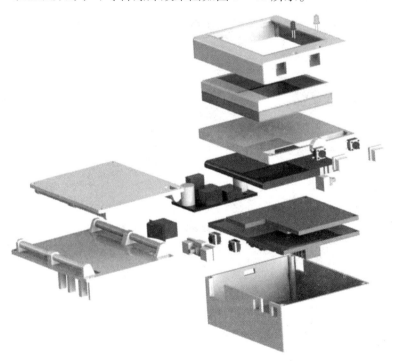

图 7 - 40　带显示屏的手环零件爆炸效果图

Step 11. 带显示屏的手环 3D 效果图如图 7 − 41 所示。

图 7 − 41　带显示屏的手环 3D 效果图

7.7.8　不带显示屏的手环装配

Step 1. 将振子安装在不带显示屏的手环外壳 1 的相应位置上,如图 7 − 42 所示。

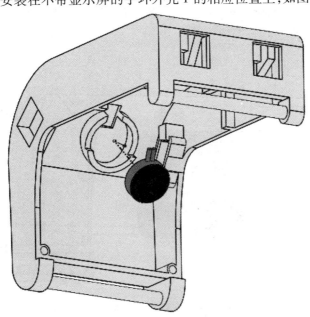

图 7 − 42　安装振子示意图

Step 2. 将 microUSB 插口固定在不带显示屏的手环外壳 1 的相应位置上,如图 7 –43所示。

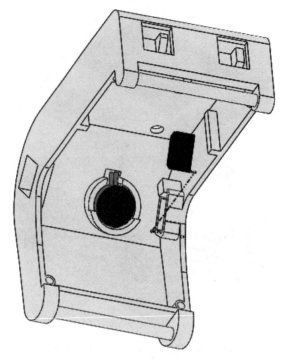

图 7 – 43　安装 microUSB 插口示意图

Step 3. 将聚合物锂电池安装在不带显示屏的手环外壳 1 的相应位置上,如图 7 – 44 所示。

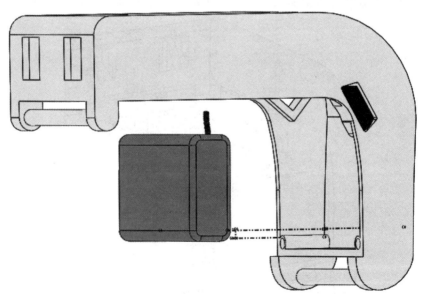

图 7 –44　安装手环电池示意图

Step 4. 把自锁开关安装在不带显示屏的手环外壳 1 的相应固定孔上，如图 7 – 45 所示。

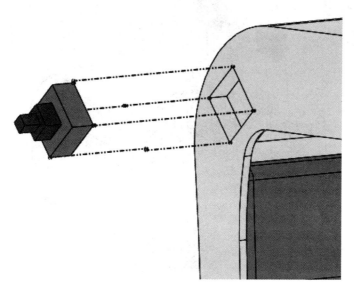

图 7 – 45　安装手环自锁开关示意图

Step 5. 将 nRF24L01 模块安装在不带显示屏的手环外壳 1 的相应位置上，并用热熔胶固定，如图 7 – 46 所示。

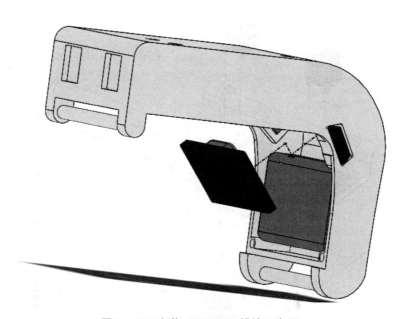

图 7 – 46　安装 nRF24L01 模块示意图

Step 6. 将手环按钮安装在不带显示屏的手环外壳 1 的相应位置上,如图 7 – 47 所示。

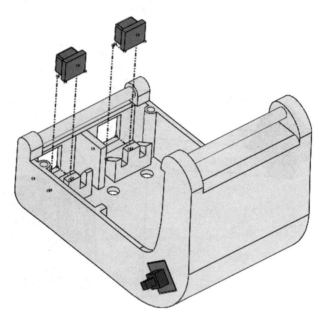

图 7 – 47　安装手环按钮示意图

Step 7. 将按钮开关固定在不带显示屏的手环外壳 1 的相应位置上,如图 7 – 48 所示。

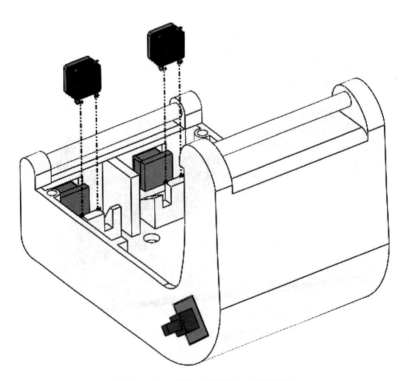

图 7 – 48　安装手环外壳 1 示意图

Step 8. 将手环电路板安装在不带显示屏的手环外壳 1 的相应位置上,如图 7 – 49 所示。

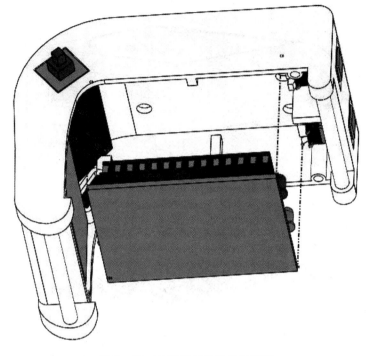

图 7 – 49　安装手环电路板示意图

Step 9. 组合不带显示屏的手环外壳 1 和不带显示屏的手环外壳 2,并用自攻螺丝固定,如图 7 – 50 所示。

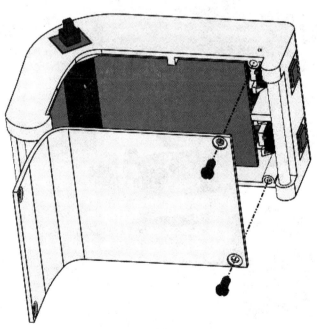

图 7 – 50　安装手环外壳 2 示意图

Step 10. 用自攻螺丝进一步将不带显示屏的手环外壳 2 固定在不带显示屏的手环外壳 1 上,如图 7 - 51 所示。

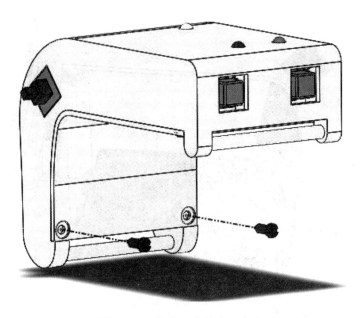

图 7 - 51　螺丝固定外壳示意图

Step 11. 不带显示屏的手环零件爆炸效果图如图 7 - 52 所示。

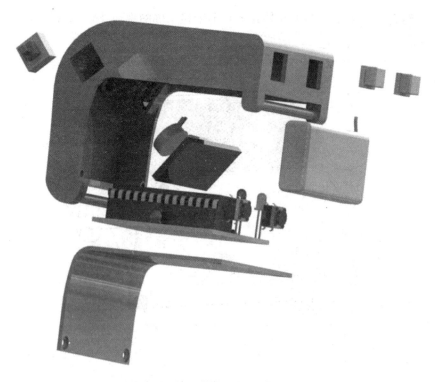

图 7 - 52　不带显示屏的手环爆炸 3D 效果图

Step 12. 不带显示屏的手环 3D 效果图,如图 7 - 53 所示。

图 7 - 53　不带显示屏的手环 3D 效果图

7.8　电路设计与接线

7.8.1　电路硬件系统框图

1. 带显示屏的手环

带显示屏的手环系统框图如图 7 - 54 所示。

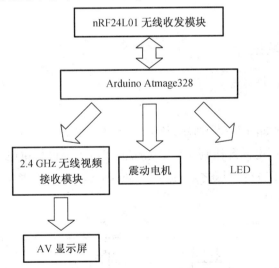

图 7 - 54　带显示屏的手环系统框图

2. 不带显示屏的手环

不带显示屏的手环系统框图如图 7 - 55 所示。

3. 婴儿监视器

婴儿监视器系统框图如图 7 - 56 所示。

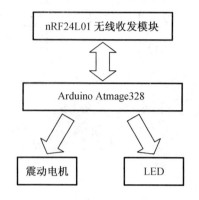

图 7-55 不带显示屏的手环系统框图

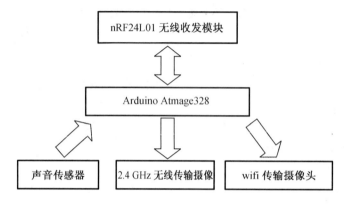

图 7-56 婴儿监视器系统框图

7.8.2 电路模块设计

1.带显示屏的手环

（1）升压模块

升压模块电路原理如图 7-57 所示,该升压模块使用第二代高频开关技术的 XL6009E1 为核心芯片,将 3.7 V 锂电池升压到 8 V 给电路板和显示屏进行供电。电阻 R_1(5.1 kΩ)和 R_2(5.1 kΩ)对电池电压进行分压之后,通过 Arduino 模拟口 A4 对电池进行电量检测。升压模块引脚如表 7-36 所示。

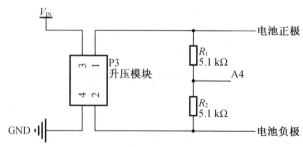

图 7-57 升压模块电路原理图

表 7 - 36　升压模块引脚定义

引脚	定义	说明
1	电池正极	电源输入端
2	电池负极	接地线
3	V_{in}	电源输出端
4	GND	接地线

（2）nRF24L01 模块

如图 7 - 58 所示，2.4 GHz 无线模块使用 Nordic 公司的 nRF24L01 芯片，2.54 mm 间接接口，DIP 封装。nRF24L01 模块有 8 个引脚，引脚定义参见表 7 - 37。

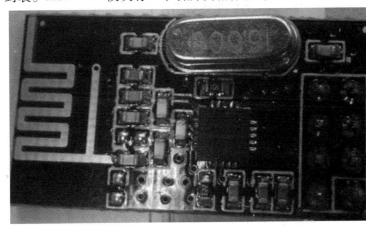

1 GND
2 VCC
3 CE
4 CSN
5 SCK
6 MOSI
7 MISO
8 IRQ

图 7 - 58　nRF24L01 模块引脚图

表 7 - 37　nRF24L01 模块引脚定义

引脚	定义	说明
1	GND	接地
2	VCC	电压工作范围为 1.9 ~ 3.6 V，超过 3.6 V 会烧坏模块，推荐工作电压为 3.6 V 左右
3	CE	使能发射或接收端
4	CSN	片选信号端
5	SCK	时钟信号端
6	MOSI	数据输入端
7	MISO	数据输出端
8	IRQ	中断标准位

（3）LM7805 稳压芯片

如图 7 - 59 所示，LM7805 稳压芯片将电池升压得到的 8 V 电压稳压到 5 V 给单片机供电，由于 8 V 稳压到 5 V 相对发热量不大，所以使用 LM7805 芯片以减少体积。LM7805 稳压芯片引脚定义如表 7 - 38 所示。

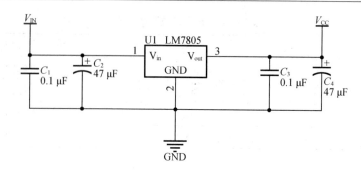

图 7 - 59   LM7805 稳压芯片电路图

表 7 - 38   LM7805 稳压芯片引脚定义

引脚	定义	说明
1	V_{in}	电源输入端
2	GND	接地线
3	V_{out}	电源输出端

（4）AMS1117 稳压芯片

如图 7 - 60 所示，AMS1117 稳压芯片将 5 V 稳压到 3.3 V 给 nRF24L01 模块供电。电源输入的滤波效果不好，会对 nRF24L01 模块接收信号造成干扰，因此滤波电容不可以省去。AMS1117 稳压芯片引脚定义如表 7 - 39 所示。

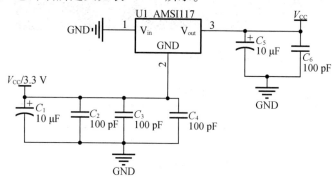

图 7 - 60   AMS1117 稳压芯片电路图

表 7 - 39   AMS1117 稳压芯片引脚定义

引脚	定义	说明
1	GND	接地线
2	V_{in}	电源输入端
3	V_{out}	电源输出端

2. 不带显示屏的手环

（1）nRF24L01 电源稳压电路

nRF24L01 电源稳压电路如图 7 - 61 所示，其引脚连接如表 7 - 40 所示。

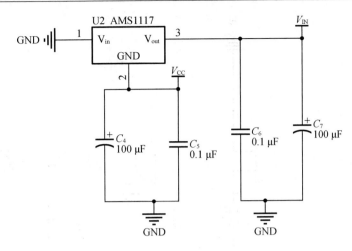

图 7 – 61 nRF24L01 电源稳压电路图

表 7 – 40 nRF24L01 电源稳压芯片定义

引脚	定义	说明
1	电池 –	接电池负极
2	nRF24L01 +	接 nRF24L01 正极
3	电池 +	接电池正极

nRF24L01 芯片在 1.9 V 到 3.6 V 能正常工作,超过 3.6 V 会烧毁无线模块。

(2)模块与单片机引脚连接

单片机的引脚与无线模块引脚连接如表 7 – 41 所示。

表 7 – 41 nRF24L01 接线表

引脚	定义	说明
1	GND	接电源负极
2	VCC	接 AMS117 引脚 2
3	CE	接单片机引脚 14
4	CSN	接单片机引脚 15
5	SCK	接单片机引脚 19
6	MOSI	接单片机引脚 17
7	MISO	接单片机引脚 18
8	IRQ	接单片机引脚 16

(3)单片机外围电路

单片机外围电路如图 7 – 62 所示。

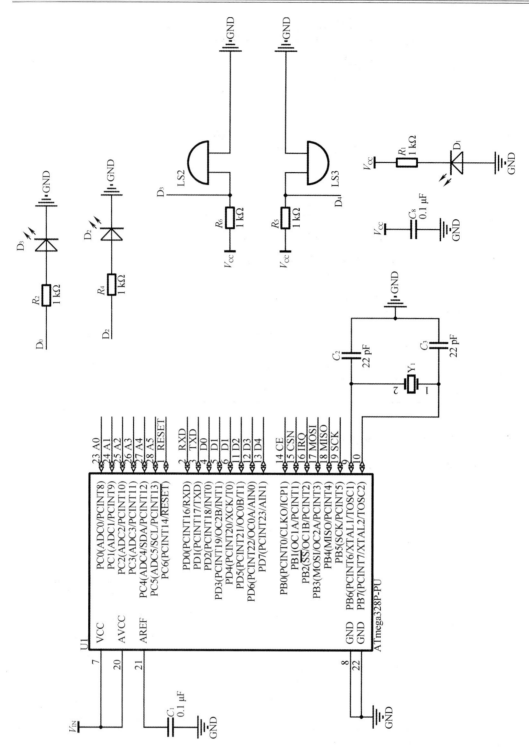

图7-62　Atmega 328外围电路图

3. 婴儿监视玩偶

（1）声音模块

此模块用于监测婴儿的哭声,在智能监视手环中通过 Arduino 芯片模拟口 A0 与声音模块的 A0 口连接,监测麦克风的电压信号,以得到相应声音范围。声音模块实物图如图 7 - 63 所示,声音模块引脚定义如表 7 - 42 所示。

图 7 - 63　声音模块实物图

表 7 - 42　声音模块引脚定义

引脚	定义	说明
1	A0	模拟量输出,实时输出麦克风的电压信号
2	GND	接地线
3	VCC	电源输入端(电压范围为 3 ~ 6 V)
4	D0	当声音强度达到某个阈值时,输出高低电平信号(阈值的灵敏度可以通过电位器调节)

（2）nRF24L01 模块(同带显示屏的手环)

（3）LM7805 稳压芯片(同带显示屏的手环)

（4）AMS1117 稳压芯片(同带显示屏的手环)

（5）摄像头模块供电电路

LM7808 稳压芯片是将磷酸铁电池组 12 V 稳压到 8 V 给摄像头供电。因为摄像头需要供电 8 V 电压,单片机不能直接供电,所以通过 LM7808 芯片外部供电,再通过单片机 I/O 口 D6 和三极管放大,以控制摄像头开关。摄像头模块电路如图 7 - 64 所示。LM7808 稳压芯片引脚如表 7 - 43 所示。

表 7 - 43　LM7808 稳压芯片引脚定义

引脚	定义	说明
1	V_{in}	电源输入端
2	GND	接地线
3	V_{out}	电源输出端

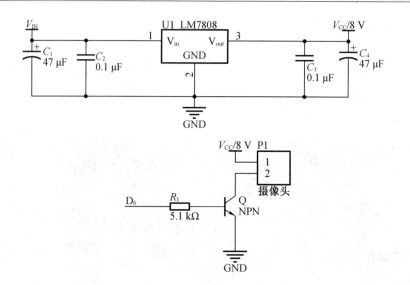

图 7-64 摄像头模块电路图

（6）2.4 GHz 视频接收模块

本模块是工作在 2 400～2 480 MHz 频段内的 FM 音视频接收解调模块。模块采用单芯片设计，该芯片集成了 VCO、PLL、宽带 FM 视频解调、FM 伴音解调；采取贴片或插件封装形式。在智能监视手环中使用频道 1（即将 CH1 开关置高平，CH2 和 CH3 置低电平，设置接收频率为 2 414 MHz）且只用作视频接收。2.4 GHz 视频接收模块电路如图 7-65 所示，2.4 GHz 视频接收模块引脚定义如表 7-44 所示。

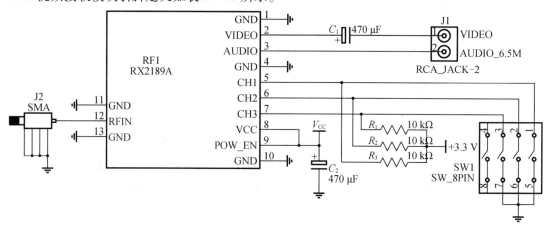

图 7-65　2.4 GHz 视频接收模块电路图

表 7-44　2.4 GHz 视频接收模块引脚定义

引脚	定义	说明
1	GND	电源地
2	VIDEO	视频输出，输出阻抗为 75 Ω
3	AUDIO	音频输出，调解频率为 6.5 MHz

表 7 - 44（续）

引脚	定义	说明
4	GND	电源地
5	CH1	频道 1 开关输入，低有效
6	CH2	频道 2 开关输入，低有效
7	CH3	频道 3 开关输入，低有效
8	VCC	5 V 电源输入
9	POW - EN	模块电源控制输入，高 = ON,低 = OFF
10	GND	电源地
11	GND	天线地
12	RFIN	天线输入，阻抗为 50 Ω
13	GND	天线地

7.8.3 接线总表

1. 带显示屏的手环接线总表

带显示屏的手环接线总表如表 7 - 45 所示。

表 7 - 45 带显示屏的手环接线总表

序号	模块引脚名称	Arduino 对应引脚
1	nRF24L01　CE	D8
2	nRF24L01　CSN	D9
3	nRF24L01　IRQ	D10
4	nRF24L01　MOSI	D11
5	nRF24L01　MISO	D12
6	nRF24L01　SCK	D13
7	舵机控制　上/左	D0
8	舵机控制　下/右	D1
9	—	D2
10	—	D3
11	切换舵机开关	D4
12	呼叫按钮 S1	D5
13	呼叫按钮 S2	D6
14	显示屏开关检测	D7
15	控制显示屏开关	A5
16	电量检测	A4
17	电量显示灯	A3
18	呼叫显示灯 L1	A2
19	呼叫显示灯 L2	A1
20	振子控制	A0

2. 不带显示屏的手环接线总表

不带显示屏的手环接线总表如表 7 – 46 所示。

表 7 – 46　不带显示屏的手环接线总表

序号	元件引脚名称	Arduino 对应引脚	说明
1	LED（黄色）正极	D0	提示接收到来自带显示屏手环的信号
2	LED（红色）正极	D1	提示接收到来自不带显示屏手环的信号
3	按键（LS1）	D3	发寻呼信号给带显示屏的手环
4	按键（LS2）	D4	发寻呼信号给不带显示屏的手环
5	振动电机控制端	D6	驱动微型电机振动
6	nRF24L01 CE	D8	—
7	nRF24L01 CSN	D9	—
8	nRF24L01 IRQ	D10	—
9	nRF24L01 MOSI	D11	—
10	nRF24L01 MISO	D12	—
11	nRF24L01 SCK	D13	—

3. 婴儿监视玩偶接线总表

婴儿监视玩偶接线总表如表 7 – 47 所示。

表 7 – 47　婴儿监视玩偶接线总表

序号	模块引脚名称	Arduino 对应引脚
1	nRF24L01　CE	D8
2	nRF24L01　CSN	D9
3	nRF24L01　IRQ	D10
4	nRF24L01　MOSI	D11
5	nRF24L01　MISO	D12
6	nRF24L01　SCK	D13
7	声音模块　A0	A0
8	摄像头模块开关控制	D6
9	舵机信号端	D3
10	舵机信号端	D5
11	7805 稳压芯片 VCC	VCC

7.9　软件设计

7.9.1　程序设计思想

根据本产品的功能,程序总共设有五个部分,包括 nRF24L01 无线收发、呼叫应答响应、电源监控、摄像头定时关闭和舵机控制。

为了实现无线传输信息,程序中设有无线收发功能。因为 nRF24L01 无线收发模块只能选择一种工作模式工作,故本项目将接收模式作为起始工作方式,只有当按键按下开启呼叫功能或者监视器开启婴儿环境声音过大报警功能时,才转换成发送模式,发送指定的信息。并且根据聋哑人的生理特点,程序中设置了呼叫响应功能,提供灯光与振动提示。并且设计了呼叫时被呼叫者自动发送确认信息,避免重复呼叫。所有消费类电子产品,最长使用时间都是设计者需要重点考虑的因素。本项目设计了电源监控。根据电池电量,本项目将电量分成五格,并且每隔一定的时间通过灯光与振动提醒用户当前电量,避免因电量不足而影响产品的正常使用。本项目还考虑到摄像头可能因异常情况未能正常关闭,故设计了摄像头定时关闭功能。并且为了让监护者能够更好地,更大范围地监控婴儿,本项目设计了舵机控制摄像头位置的功能。至此,本产品的程序设计完成。

手环协议指令功能如表 7 - 48 所示。

表 7 - 48　手环协议指令功能

指令	功能描述
XXXX XXXX	(前四位代表呼叫者,后四位代表被呼叫者)点亮对应呼叫者的 LED,被呼叫方振子振动
1100(0xcc)	婴儿有情况,指定监护者振子振动,代表 LED 亮
1111(f)	代表父亲
1010(a)	代表母亲
1101(d)	代表孩子
1001 0000	用于父亲与母亲之间确认已经收到呼叫
1110 0000	用于孩子与父亲之间确认已经收到呼叫
0111 0000	用于孩子与母亲之间确认已经收到呼叫
0011 0000	打开摄像头
0001 0000	关闭摄像头

7.9.2 程序流程图

1. 总流程

总流程如图 7 – 66 所示。

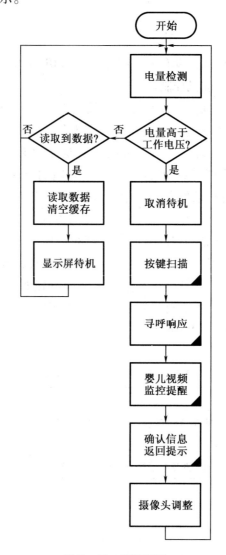

图 7 – 66 总流程图

2. 按键扫描

按键扫描流程如图 7 – 67 所示。

3. 婴儿视频监控提醒

婴儿监视器响应流程如图 7 – 68 所示。

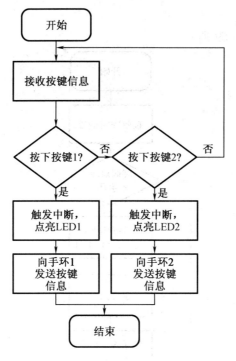

图 7 - 67　按键扫描流程图

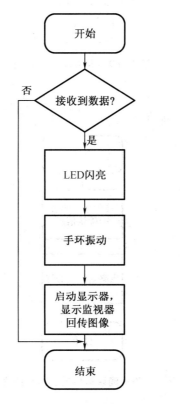

图 7 - 68　婴儿视频监控提醒流程图

4.寻呼响应

寻呼响应流程如图7-69所示。

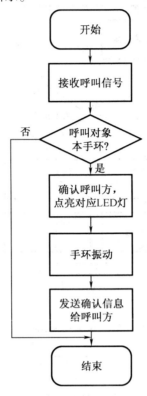

图7-69　寻呼响应流程图

5.确认信息返回提示

寻呼确认流程如图7-70所示。

图7-70　确认信息返回提示流程图

第8章

多功能智能家居机器人

8.1 设 计 理 念

随着现代生活节奏的加快,人们的压力越来越大,众多减压产品应运而生,市场上曾盛行过类似"变脸"娃娃的玩具,按下按钮,娃娃脸部可以变换不同表情。受此启发,本款多功能智能家居机器人拥有可爱的外形和丰富的表情,可以互动实现减压娱乐;同时还增加了无声感知和控制的实用家具功能,并且可以通过随身携带的手机进行精准控制,是听障人士的好伴侣。

多功能智能家居机器人通过无线技术实现机器人与智能手机的连接,机器人可以根据人挥手的动作来切换图片做出响应。通过手机触摸屏或按键,可以控制机器人自由移动。与"变脸"娃娃相比,多功能智能家居机器人具有更强的娱乐性和交互性。

市面上的无线门铃和火灾报警器,几乎都是使用声音提醒,但这对于听力障碍者而言,就成了摆设。多功能智能家居机器人的门铃和火灾报警器通过手机关联,险情可以通过手机震动或机器人动作传达,直接而有效。

8.2 项目创新点

(1)将门铃、火灾报警器和机器人协同使用,方便聋哑人的日常起居,在有危险的第一时间通知,同时火灾报警器一旦触发就会一直振动直到用户作出响应,如果火灾报警器被烧毁,而人还不知道火灾,手机依旧会一直振动。

(2)普通门铃和火灾报警器使用声音发出警报,而专用的聋哑人门铃大多是使用灯光效果提醒危情,多功能机器人使用振动的方式进行报警。

(3)把手机支架组合到该机器人身上,采用吸盘技术来固定手机。

(4)配套的手机软件可以帮助聋哑人练习发声,同时具有控制多功能智能家居机器人的作用,把娱乐和学习功能组合。

8.3 功能与预期效果

8.3.1 功能设计说明

门铃采用2.4 GHz频段将数据无线传输给多功能智能家居机器人,通过蓝牙协议实现手机和机器人的数据交流,把按门铃的指令发给手机,手机启动相关进程,提醒按铃动作。火灾报警器机理和门铃相似,通过烟雾传感器来触发动作,当烟雾达到一定浓度时,发射信号,提示发生火情。

手机软件基于目前使用最广的安卓操作系统开发,无线协议遵从规范的蓝牙通信协议,语音功能使用了科大讯飞的云语音服务,可以准确地识别普通话和英语。该手机软件需要获得蓝牙权限,使用语音服务时,需要获得连接网络权限和手机录音机的使用权限。

手机端通过交互界面来遥控机器人的移动,按下互动按钮,通过超声波测距原理可以捕捉人手动作,实现与人的简单互动。语音控制键可使用语音来操控机器人运动,按下语音显示键,可以显示自己和周围人说话内容。

8.3.2 性能指标

(1)按下门铃,手机振动的提示率高达95%。
(2)当发生火灾时,手机振动和提示火灾的提示率高达80%。
(3)语音识别率高达90%。
(4)在蓝牙连接的情况下,手机发指令给机器人,机器人接收率为80%。
(5)在正常使用下,蓝牙连接保持不断的概率为60%。

8.3.3 预期的使用效果

有门铃按下时,手机会振动并弹出消息框提醒有客来访,铃振动持续1.5 s,提示框显示2 s,机器人也会随之手舞足蹈。一般人按门铃会连续按几次,所以这个提示时间是合理的,不等客人离去手机还保持振动和提示状态。

火灾发生时,烟雾触发火灾报警器,手机会保持持续振动,并弹出对话框,机器人作出舞蹈动作,按下对话框按钮则停止振动。如果长时间没人觉察火灾,乃至火灾报警器烧毁,手机依旧会保持振动状态和对话框模式提醒火灾。

手机终端在网速流畅的情况下,语音功能可实现边说话边对应显示文字,话音兼容普通话和英语,通过语音和显示文字的同步,聋哑人能随时判断自己的发音是否标准,这款手机可成为学习的好帮手;同时,也能判断较短距离内,周围人讲话的内容。

8.3.4 环境使用要求

多功能智能家居机器人与手机保持10 m内的距离,没有墙体阻隔,没有干扰信号干扰手机蓝牙,需要提供一个220 V的插座。

8.4　解决的关键技术问题

8.4.1　使用科大讯飞的云语音提高语音识别率

谷歌的语音识别对中文的识别率较低,不能准确地显示出语音的内容,所以在 App 中使用了科大讯飞的 API,来提高语音的识别率。

8.4.2　利用超声波测距来实现互动

通过超声波测距得出人与机器人之间的位置,反馈信息,使得手机做出相应反应来与人进行互动。

8.5　物　料　清　单

多功能智能家居机器人所需的物料清单如表 8 - 1 所示。

表 8 - 1　物料清单

序号	名称	型号规格	材料性质	单位	数量	备注
1	锂电池	—	—	个	1	提供电源
2	锂电池充电器	—	—	个	1	为锂电池充电
3	舵机	MG995	—	个	3	控制身体运动
4	减速电动机	—	—	个	4	驱动机器人移动
5	车轮	塑料	—	个	4	—
6	单片机开发板	Arduino 2560	—	块	1	控制板
7	单片机开发板	Mega328	—	块	1	—
8	PCB 板	—	—	块	20	—
9	手机固定座	塑料	—	个	1	固定手机
10	功能板	—	—	块	1	—
11	烟雾传感器	—	—	块	1	—
12	万向轮	—	—	个	1	—
13	电阻	各种规格	—	个	10	—
14	电容	各种规格	—	个	2	—
15	螺钉	金属	M3 × 8	个	12	—
16	螺钉	金属	M3 × 12	个	28	—
17	螺钉	金属	M3 × 30	个	8	—
18	自攻螺钉	金属	M2 × 10	个	12	固定舵盘
19	螺母	金属	M3	个	48	—

8.6 机械零件设计图

8.6.1 电动机固定件

电动机固定件模拟图与设计图如表 8 – 2 所示。

表 8 – 2 电动机固定件模拟图与设计图

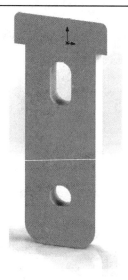

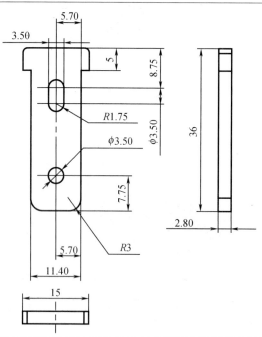

作用:固定电动机,连接底板和电动机

8.6.2 门铃前盖

门铃前盖模拟图与设计图如表 8 - 3 所示。

表 8 - 3 门铃前盖模拟图与设计图

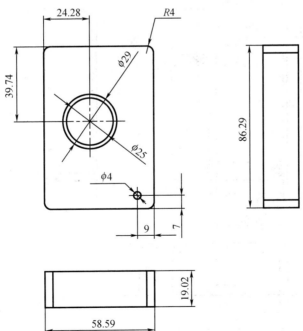

作用:固定门铃按钮和 LED 灯,以及与后盖通过螺栓配合构成门铃主体

8.6.3 门铃后盖

门铃后盖模拟图与设计图如表 8 – 4 所示。

表 8 – 4　门铃后盖模拟图与设计图

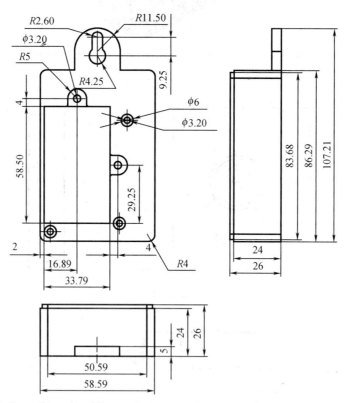

作用:固定无线模块、电路板和电池盒,以及配合前盖构成门铃主体

8.6.4　门铃按钮

门铃按钮模拟图与设计图如表 8 - 5 所示。

表 8 - 5　门铃按钮模拟图与设计图

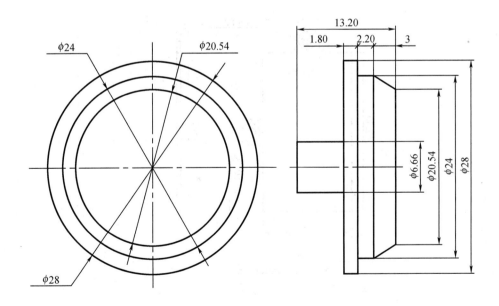

作用:启动门铃

8.6.5　电池盖

电池盖模拟图与设计图如表 8 - 6 所示。

表 8 - 6　电池盖模拟图与设计图

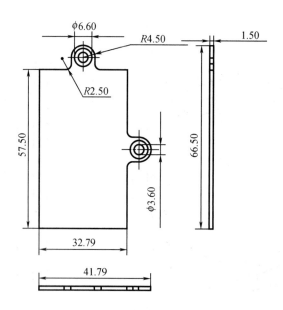

作用:固定电池

8.6.6　电路隔离板

电路隔离板模拟图与设计图如表 8 − 7 所示。

表 8 − 7　电路隔离板模拟图与设计图

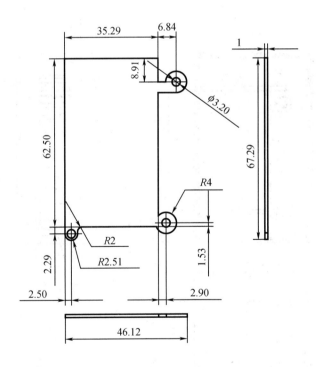

作用:隔离电池与电路板,并承载电路板

8.6.7 火灾警报器后盖

火灾警报器模拟图与设计图如表 8 – 8 所示。

表 8 – 8 火灾警报器模拟图与设计图

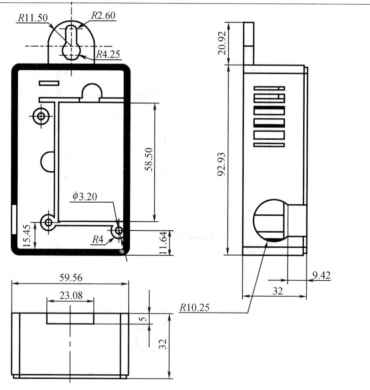

作用:承载电路板、无线模块和烟雾传感器

8.6.8　火灾警报器前盖

火灾警报器前盖模拟图与设计图如表 8 - 9 所示。

表 8 - 9　火灾警报器前盖模拟图与设计图

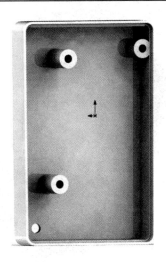

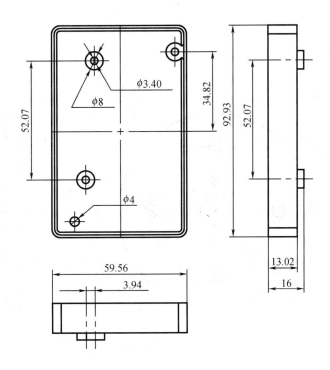

作用:与火灾报警器底盖连接成整体

8.6.9 舵盘连接件

舵盘连接件模拟图与设计图如表 8 – 10 所示。

表 8 – 10 舵盘连接件模拟图与设计图

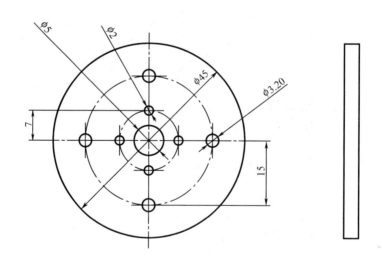

作用:连接舵盘和机械手

8.6.10　机械手

机械手模拟图与设计图如表 8 – 11 所示。

表 8 – 11　机械手模拟图与设计图

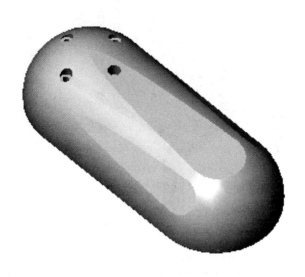

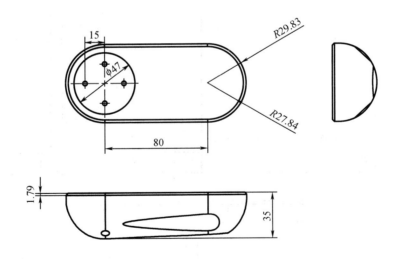

作用：作为机器人的手臂存在

8.6.11 充电器固定座

充电器固定座模拟图与设计图如表 8 – 12 所示。

表 8 – 12 充电器固定座模拟图与设计图

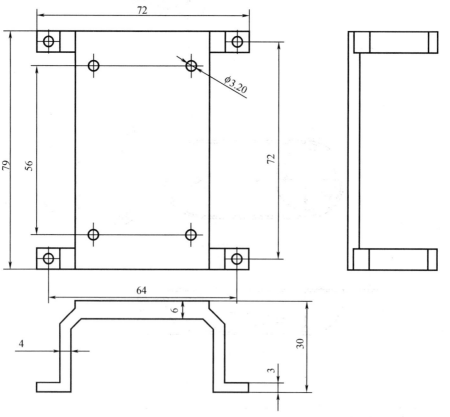

作用:固定充电器、电路板

8.6.12　机器人下半身

机器人下半身模拟图与设计图如表 8 − 13 所示。

表 8 − 13　机器人下半身模拟图与设计图

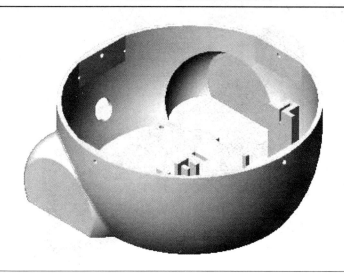

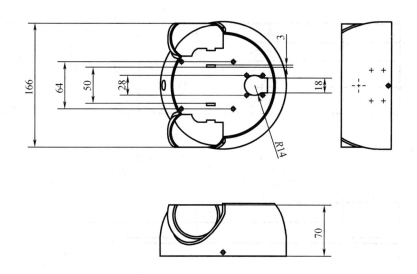

作用:固定万向轮、轮胎、电动机、电路板和充电器

8.6.13 身体连接件

身体连接件模拟图与设计图如表 8 – 14 所示。

表 8 – 14 身体连接件模拟图与设计图

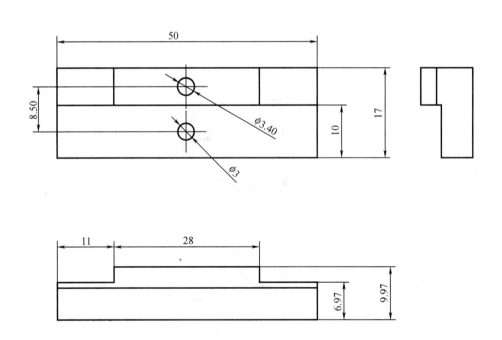

作用:连接机器人上半身和下半身

8.6.14　耳部轮廓

耳部轮廓模拟图与设计图如表 8 – 15 所示。

表 8 – 15　耳部轮廓模拟图与设计图

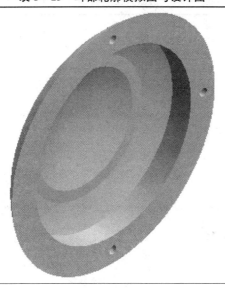

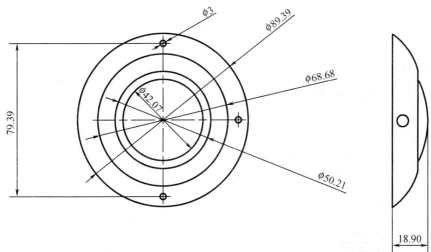

作用:与头盖构成机器人头部

8.6.15 机器人上半身

机器人上半身模拟图与设计图如表 8 - 16 所示。

表 8 - 16 机器人上半身模拟图与设计图

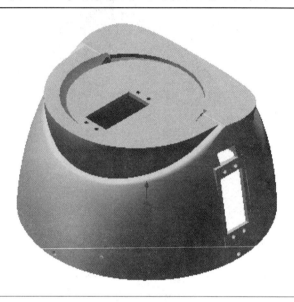

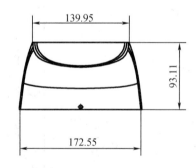
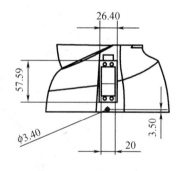

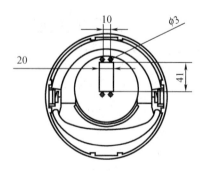

作用:固定舵机,连接头部和下半生

8.6.16　头盖

头盖模拟图与设计图如表 8 – 17 所示。

表 8 – 17　头盖模拟图与设计图

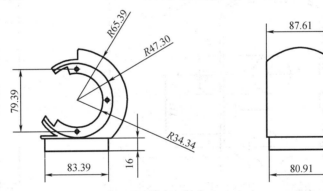

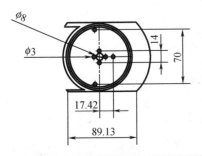

作用:放置手机固定器,作为机器人头部

8.6.17 手机固定架

手机固定架模拟图与设计图如表 8 - 18 所示。

表 8 - 18 手机固定架模拟图与设计图

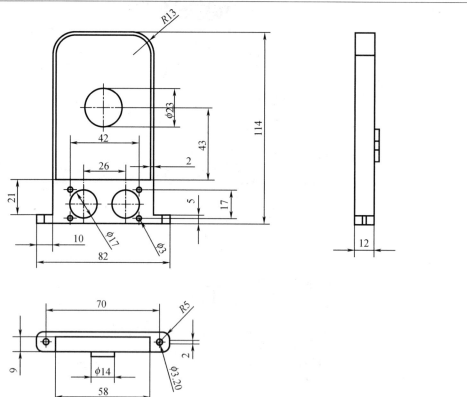

作用:用于安装超声波模块和吸盘,固定手机

8.6.18　支撑杆

支撑杆模拟图与设计图如表 8 – 19 所示。

表 8 – 19　支撑杆模拟图与设计图

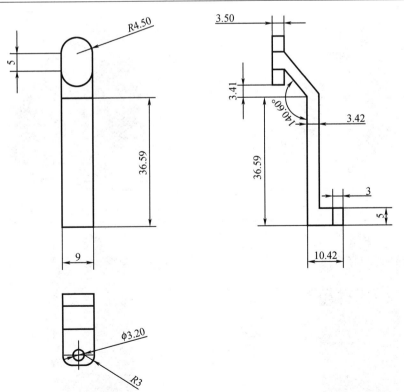

作用:支撑手机固定架

8.7 产品组装说明

8.7.1 零件清单

组装多功能智能家居机器人所需零件如表 8 – 20 所示。

表 8 – 20 零件清单

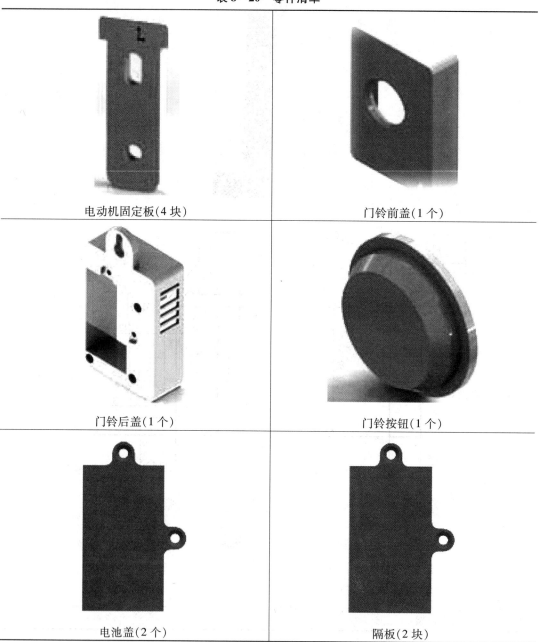

电动机固定板(4 块)	门铃前盖(1 个)
门铃后盖(1 个)	门铃按钮(1 个)
电池盖(2 个)	隔板(2 块)

表 8 – 20(续 1)

火灾警报器后盖(1 个)

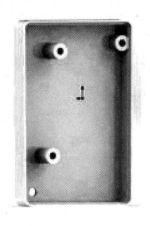

火灾报警器前盖(1 个)

舵盘连接件(2 件)

机械手(2 个)

充电器固定架(1 个)

机器人下半身(1 个)

表 8 - 20(续 2)

身体连接件(4 块)

耳部轮廓(2 个)

机器人上半身(1 个)

头盖(1 个)

手机固定架(1 个)

支撑杆(1 个)

表 8 – 20(续3)

无线模块 nRF24L01(3 个)

烟雾传感器(1 个)

M3 × 30 螺丝(6 个)

电池盒(2 个)

M3 × 12 螺丝(28 个)

M3 × 8 螺丝(12 个)

表 8 – 20(续 4)

自攻螺丝(12 个)

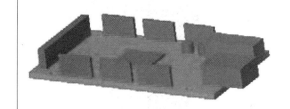

Arduino Mega(1 块)

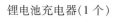

锂电池充电器(1 个)

锂电池(1 块)

超声波传感器(1 个)

辉盛 995 舵机(3 个)

表 8 − 20(续 5)

车轮(2 个)

减速电动机(2 个)

M3 螺母(48 个)

吸盘(1 个)

万向轮(1 个)

8.7.2 组装流程

1. 门铃

Step 1. 将电池仓嵌入门铃后盖,如图 8 - 1 所示。

图 8 - 1   安装电池仓示意图

Step 2. 盖上电池盖,并用螺栓固定电池盖,如图 8 - 2 所示。

图 8 - 2   安装电池盖示意图

Step 3. 将无线模块嵌入门铃后盖,如图 8 - 3 所示。

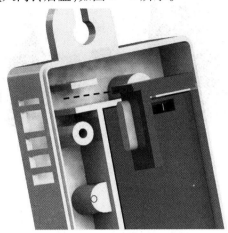

图 8 - 3　安装无线模块示意图

Step 4. 如图 8 - 4 所示,将电路板、按钮和前盖的孔重合,用螺栓将各零件连接构成门铃。门铃 3D 组装完毕的效果如图 8 - 5 所示,门铃爆炸图如图 8 - 6 所示。

图 8 - 4　安装电路板、按钮和前盖示意图

图 8 - 5　门铃 3D 组装完毕的效果图

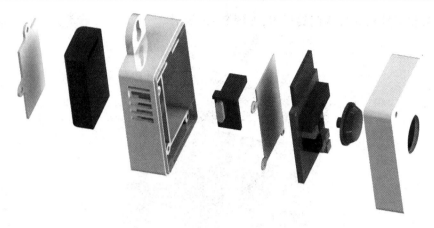

图 8 - 6 门铃爆炸图

2. 火灾报警器

Step 1. 将电池仓嵌入门铃后盖,如图 8 - 7 所示。

图 8 - 7 安装电池仓示意图

Step 2. 盖上电池盖,并用螺栓固定电池盖,如图 8 − 8 所示。

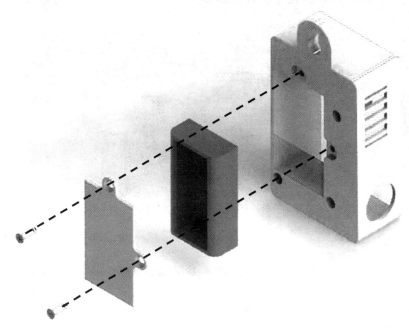

图 8 − 8　安装电池盖示意图

Step 3. 将无线模块、烟雾传感器嵌入火灾警报器后盖,如图 8 − 9 所示。

图 8 − 9　安装无线模块、烟雾传感器示意图

Step 4. 将电路板、按钮和前盖的孔重合,用螺栓将各零件连接构成火灾警报器,如图 8 – 10所示。火灾警报器 3D 组装完毕效果如图 8 – 11 所示,火灾警报器爆炸图如图8 – 12 所示。

图 8 – 10　安装电路板、按钮、前盖示意图

图 8 – 11　火灾警报器 3D 组装完毕效果图

图 8 – 12　火灾警报器爆炸图

3. 机器人下半身

Step 1. 将电动机固定件插入机器人下半身的孔,如图 8 – 13 所示。

图 8 – 13　安装电动机固定件示意图

Step 2. 将轮胎安装在电动机上,如图 8 – 14 所示。

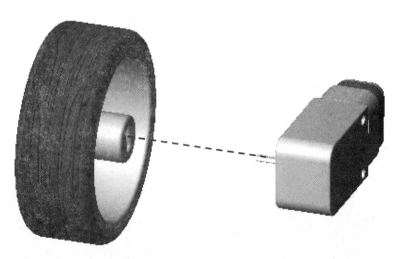

图 8 – 14　安装轮胎示意图

Step 3. 用螺栓螺母将电动机固定在机器人下半身,如图 8 − 15 所示。

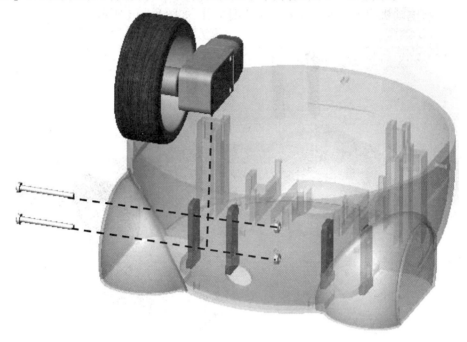

图 8 − 15　安装电动机示意图

Step 4. 先将万向轮放入安装孔,再用螺栓螺母将万向轮固定在机器人下半身,如图 8 −
16 所示。

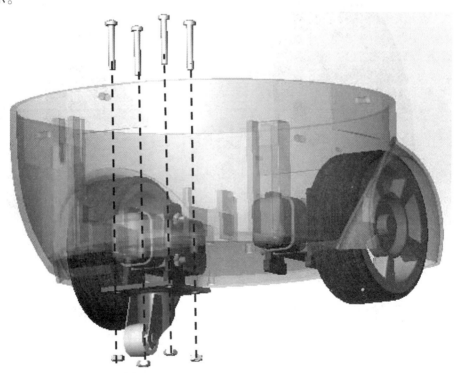

图 8 − 16　安装万向轮示意图

Step 5. 先将电路板上的孔与充电器固定件上的孔对齐,再用螺栓螺母固定,如图 8 – 17 所示。

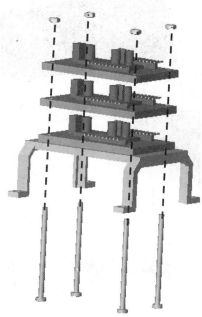

图 8 – 17　安装电路板示意图

Step 6. 先将充电器固定件放入机器人下半身,再用螺栓螺母将其固定,如图 8 – 18 所示。

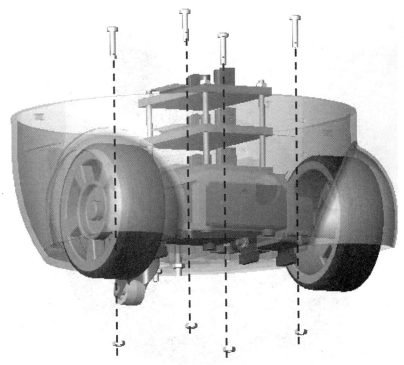

图 8 – 18　安装充电器固定件示意图

Step 7. 将锂电池安装在机器人下半身的安装槽上,如图 8 – 19 所示。

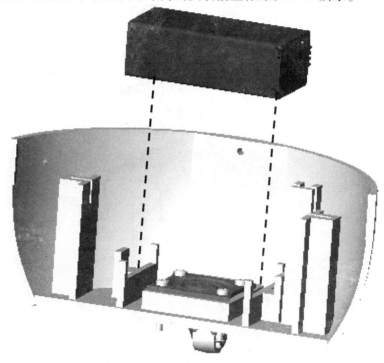

图 8 – 19   安装锂电池示意图

Step 8. 将电路板插入机器人下半身的安装槽,如图 8 – 20 所示。

图 8 – 20   安装电路板示意图

Step 9. 将 Arduino Mega 插入机器人下半身的插槽,如图 8 – 21 所示。

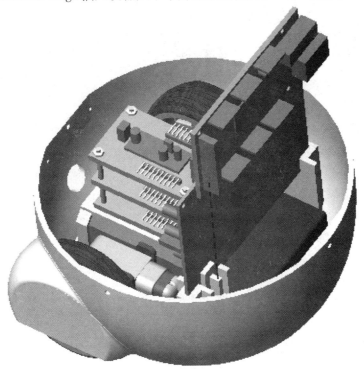

图 8 – 21　安装 Arduino Mega 示意图

4. 机器人上半身

Step 1. 先将舵机装入安装孔,再用螺栓螺母固定舵机,如图 8 – 22 所示。

图 8 – 22　固定头部舵机示意图

Step 2. 先将舵机装入安装孔，再用螺栓螺母固定舵机，如图 8-23 所示。

图 8-23　安装舵机示意图

Step 3. 用螺栓固定舵盘连接件，如图 8-24 所示。

图 8-24　安装舵盘连接件示意图

Step 4. 用螺栓螺母固定身体连接件,如图 8 – 25 所示。

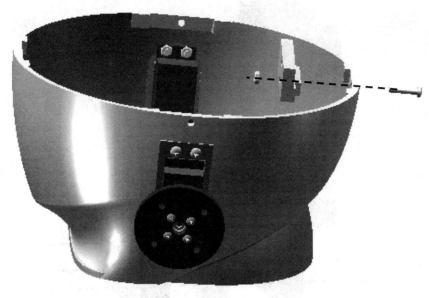

图 8 – 25　安装身体连接件示意图

5. 头部

Step 1. 将吸盘、支撑杆、支架嵌入手机固定架,如图 8 – 26 所示。

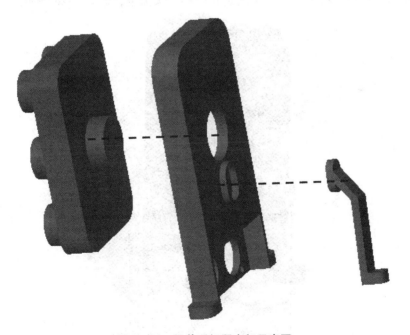

图 8 – 26　组装手机固定架示意图

Step 2.用螺栓螺母将超声波模块固定在手机固定架上,如图 8 – 27 所示。

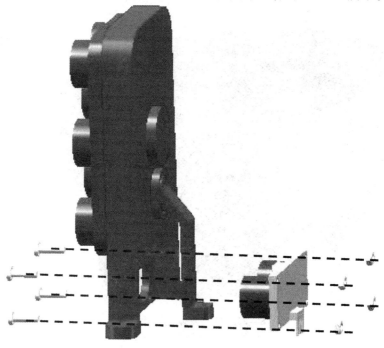

图 8 – 27 安装超声波模块示意图

Step 3.用螺栓螺母将手机固定架固定在机器人头盖上,如图 8 – 28 所示。

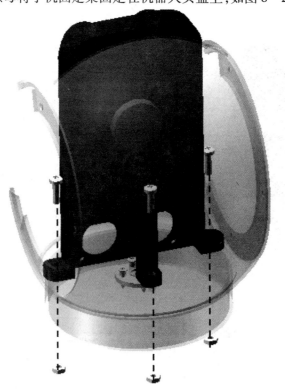

图 8 – 28 将手机固定架组件安装在头部底座示意图

Step 4. 用螺栓螺母固定机器人耳部轮廓，如图 8 – 29 所示。

图 8 – 29　安装机器人耳部轮廓示意图

Step 5. 将头部连接在颈部舵机上，构成机器人上半部分，如图 8 – 30 所示。

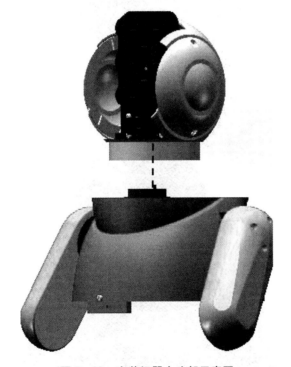

图 8 – 30　安装机器人头部示意图

Step 6. 用螺栓螺母将机器人上半身与下半身连接构成机器人整体,如图 8 – 31 所示。机器人组装完成 3D 渲染图如图 8 – 32 所示,机器人爆炸图如图 8 – 33 所示。

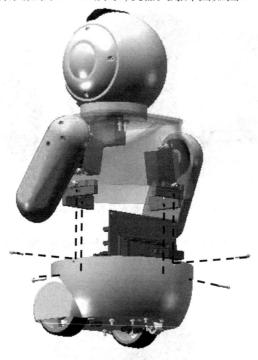

图 8 – 31　安装机器人下半身示意图

图 8 – 32　机器人组装完成 3D 渲染图

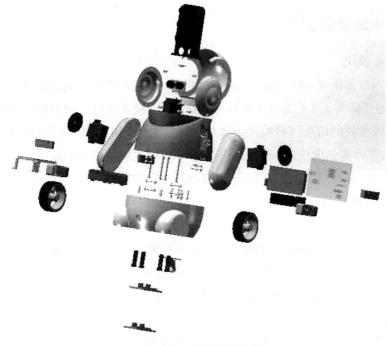

图 8 - 33　机器人爆炸图

8.8　电路设计与接线

8.8.1　电路硬件系统设计

　　机器人系统框图如图 8 - 34 所示。机器人通过超声波、红外热释、门铃板及烟雾传感器从外界接收信息,通过单片机对这些信息进行处理,根据处理的结果向电动机、舵机和手机发出不同的指令。手机可以通过控制单片机来控制电动机,并且可以获取外界接收模块的反馈信息。

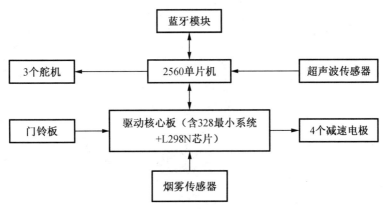

图 8 - 34　机器人系统框图

8.8.2　电路模块设计

1. 驱动核心模块

驱动核心模块如图 8－35 所示。该模块利用 LM7805 降压将电源电压降为 5 V,利用 1117T 将 5 V 电压降为 3.3 V 为蓝牙模块和 nRF24L01 模块供电。由 nRF24L01 无线模块接收来自其他无线模块的信息(门铃、火灾或煤气泄漏)。利用 L298N 控制马达,其中 5 V 电压作为 VCC 为芯片提供电压,电源电压作为 VIN 为马达提供电压,单片机 D5 引脚控制一个马达的转速,D3 和 D4 引脚控制该马达的旋转方向。同理 D6 引脚控制另一个马达的转速,D7 和 D8 引脚控制其旋转方向。

2. 门铃板

门铃板电路如图 8－36 所示,利用 LM7805 将电源电压降为 5 V 为单片机提供电压,利用 1117T 将 5 V 电压降为 3.3 V 为 nRF24L01 提供电压。当门铃被按下时,单片机将接收的信息通过 nRF24L01 发送信号给控制端的 nRF24L01。

3. 火灾报警器

火灾报警器电路如图 8－36 所示,利用 LM7805 将电源电压降为 5 V 为单片机提供电压,利用 1117T 将 5 V 电压降为 3.3 V 为 nRF24L01 提供电压。当煤气泄漏或发生火灾时,单片机将接收的信息通过 nRF24L01 发送信号给控制端的 nRF24L01。

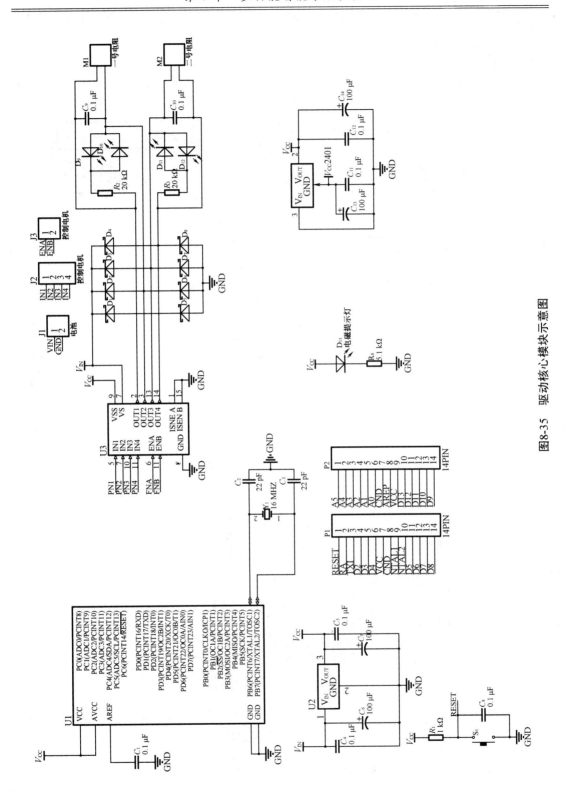

图8-35 驱动核心模块示意图

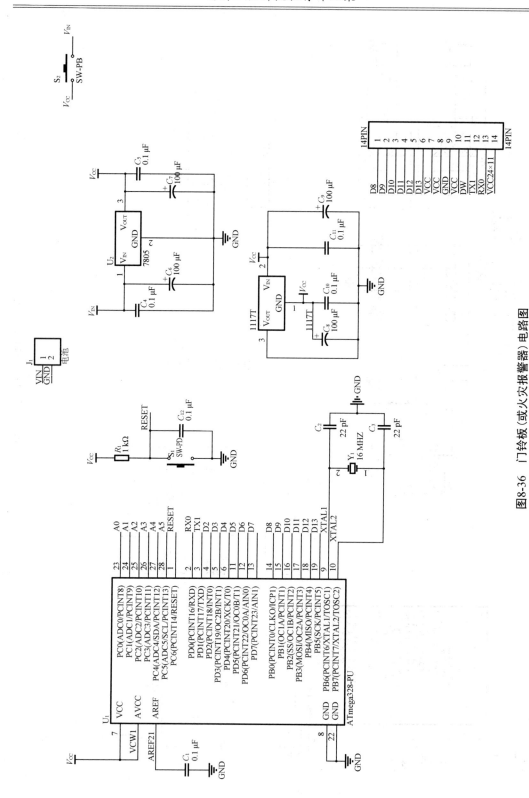

图8-36 门铃板（或火灾报警器）电路图

8.9　软　件　设　计

8.9.1　程序设计思想

程序是由上位机程序和下位机程序组成的,用蓝牙来实现上、下位机的数据交流,并可由上位机控制下位机。程序设计框图如图 8 – 38 所示。

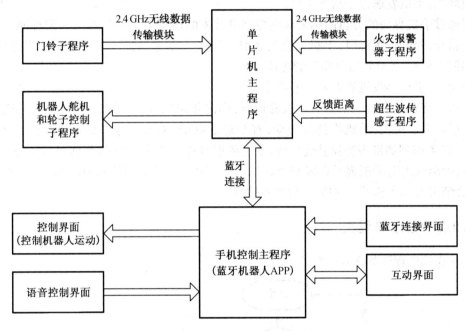

图 8 – 38　程序总框图

1. 下位机程序设计

程序大致分为以下三个模块。

模块一:手机蓝牙传输数据控制机器人活动

手机蓝牙与 Arduino2560 上的蓝牙模块连接,基于蓝牙 APP 与机器人的协议,手机发送指令给机器人完成一系列的动作,如跳舞。蓝牙模块接收到 52 时,进入模块二。

模块二:通过传感器实现机器人与人的互动

手机按下传感器"打开"按钮,发出一个 10 μs 的高电平触发超声波传感器,将手机放在机器人手机固定架上。通过超声模块测距,人可分别距离机器人 10 cm、15 cm 以及 100 cm 内,打开热释人体红外传感器,传感器将感应到有人的位置,发射不同等级电平,驱动机器人舵机,蓝牙模块发送依位置而不同的指令给手机。

模块三:基于 nRF24L01 的门铃装置和火灾警报装置

门铃被按下时,传送一个信号,门铃上的 nRF24L01 模块发射信号,机器人身上的 nRF24L01 接收信号,并通过蓝牙模块将指令传送给手机;有火情发生时,烟雾触发火灾报警器上的烟雾传感器,发送一个信号,机器人身上的 nRF24L01 接收信号,并通过蓝牙模块将指令传送给手机。手机根据不同的上位机程序逻辑进行智能提醒。

2.上位机程序设计

安卓程序大致分为三个模块：

模块一：手机蓝牙与下位机的蓝牙连接。

手机软件开启，检测蓝牙是否开启，如未开启将弹出对话框，提醒并请求开启蓝牙功能。主界面有"连接设备"和"使可发现"两个菜单栏，按连接设备会弹出一个对话框，可以搜索附近蓝牙装置。当连接上机器人的蓝牙时，会有 Toast 提醒连接成功。此时，可以实现手机与机器人的数据指令传输。

模块二：手机发送指令给下位机。

可通过手机界面的方位图标来对应控制机器人的运动方向。当按下一图标时，手机会发送一指令，松开一图标时，手机又会发送另一指令。发送的指令以及相应的程序实现的功能参照手机蓝牙 APP 与机器人的协议。

模块三：手机接收机器人发送的指令。

手机从寄存器上读取来自下位机的指令，作出相应反应。如接收到"a"时，手机震动，弹出对话框提示火灾，手机将持续震动，直至对话框中"我知道了"按钮被按下，震动停止（这一设计考虑到如果报警器被烧坏后，手机依旧能提醒人火灾）；接收到"b"时，手机会震动 15 s，弹出气泡对话框提示有客来访；接收到"c"时，手机会调用自身的播放器播放相应视频；详情可参看手机蓝牙 APP 与机器人协议。

8.9.2　程序流程图

蓝牙连接流程图如图 8 - 39 所示。

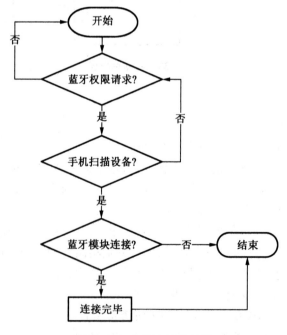

图 8 - 39　蓝牙连接流程图

门铃信号作用流程图如图 8 - 40 所示。

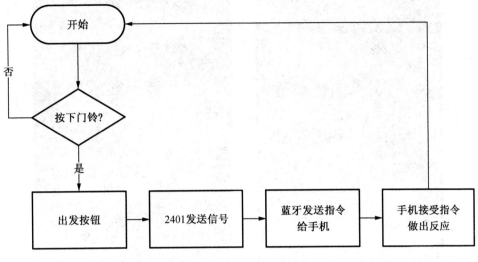

图 8 - 40　门铃信号作用流程图

火警报警器信号作用流程图如图 8 - 41 所示。

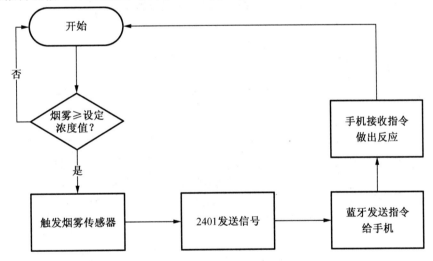

图 8 - 41　火警报警器信号作用流程图

8.9.3　软件界面设计

蓝牙连接界面和控制界面如图 8 - 42 所示。

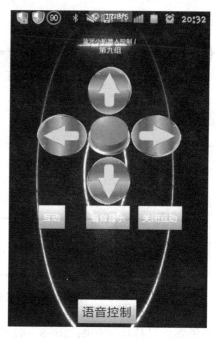

图 8 - 42　蓝牙连接界面和控制界面